macramé

绳编2

北欧风家居饰品和服饰小物

【瑞典】范妮·泽德尼乌斯（Fanny Zedenius） 著

钱嘉祥 译

化学工业出版社

·北京·

Macramé 2, by Fanny Zedenius

ISBN 978-1-78713-410-2

Copyright © 2020 by Quadrille, AN IMPRINT OF HARDIE GRANT UK LTD.
All rights reserved.

Simplified Chinese edition arranged by Quadrille through Inbooker Cultural Development
(Beijing) Co., Ltd.

First published in the United Kingdom by Quadrille in 2020.

北京市版权局著作权合同登记号：01-2021-1723

图书在版编目（CIP）数据

绳编.2，北欧风家居饰品和服饰小物/（瑞典）范妮·泽
德尼乌斯（Fanny Zedenius）著；钱嘉祥译.—北京：化学
工业出版社，2021.7（2025.1重印）
（匠心匠艺）
ISBN 978-7-122-38959-6

Ⅰ.①绳… Ⅱ.①范… ②钱… Ⅲ.①手工编织—图集
Ⅳ.①TS935.5-64

中国版本图书馆 CIP 数据核字（2021）第 067890 号

责任编辑：林 俐 刘晓婷 装帧设计：卡古鸟设计
责任校对：刘曦阳

出版发行：化学工业出版社（北京市东城区青年湖南街 13 号 邮政编码 100011）
印 装：涿州市般润文化传播有限公司
889mm×1194mm 1/16 印张 11 字数 260 千字 2025 年 1 月北京第 1 版第 2 次印刷

购书咨询：010-64518888 售后服务：010-64518899
网 址：http://www.cip.com.cn
凡购买本书，如有缺损质量问题，本社销售中心负责调换。

定 价：89.00 元 版权所有 违者必究

前　言

2017年6月，我的第一本绳编书（《绳编：手工编织波西米亚风家居饰物》）出版了。两年前，我从未想过有一天自己会成为作家，直到写这本书的时候，这种感觉依然难以置信。对我而言，这不仅仅是一本书，它已经成为我和世界各地绳编爱好者的沟通桥梁。自第一本书出版以来，我通过各种社交媒体与很多人进行了关于绳编的对话。将一个个绳结拼接成美丽艺术品的成就感，能放松心情，缓解压力和焦虑。人们对绳编和其他纤维艺术的兴趣不断增长，越来越多的人重新发现了这种古老技艺的迷人之处。与此同时，许多人已经从初学者变为经验丰富的绳编资深人士。当然，我可以教的东西远远不止第一本书中的内容。我渴望给大家带来更多不同类型的绳编作品和新技术。

第二本书是第一本书的进阶版，在保留了基础绳结的同时，增添了许多进阶版的绳结。在写本书之前，我坐下来详细地列出了在过去两年学到的有关绳编的东西，以及仍然想学习的，我相信这些也是你乐于学习的。第1章"绳结"更新到40多个，一部分是第一本书中出现过的，一部分是全新的。第2章"技法进阶"，正如本章的标题，包含了所有我能想到的技巧和窍门，利用这些技法可以让你的作品脱颖而出。此外，还讲解了绳子长度的估算方法、起头技法、植物染色技巧、纺织纹技巧等，你可以根据需要将这些技术整合在作品中。最后，"作品"这一章涵盖了大量的案例，包括艺术品、家居饰品和服饰小物。所有作品的设计初衷都是希望大家都能顺应自己的内心，制作出自己想要的鼓舞人心的作品。

就个人而言，我对绳编的兴趣已经发展为对不同文化背景下绳编艺术的崇敬和探索。大家在整本书的字里行间中可以充分感受到这一点。从某种意义上讲，本书是对绳编文化以及人类创造力的致敬，同时也是我个人对绳编艺术的告白情书。书中集合了我所知的关于绳编的所有内容，并特别强调挑战自己的创造力，因此非常适用于有一定基础但还想要精进的人们。希望通过本书，我们能重新认识并欣赏绳编，并且有足够的信心去探索绳编更多的可能性！

祝编织快乐！

范妮·泽德尼乌斯

目 录

本书的使用方法

本书写给那些想要学习新绳结、新技巧，进一步提升绳编水平的人们。第1章"绳结"介绍了最基础的绳结的编织方法，这些绳结在后面的作品中都有应用。第2章"技法进阶"中包含了这些年来我整理的许多实用的窍门，比如如何计算绳子的长度、绳子不够怎么添加新绳子等，还有许多新技巧和图案样式可以应用在以后的作品中。在开始阅读正文之前，请了解以下几点，这将帮助你更好地理解本书内容并完成必要的准备工作。

绳子的粗细

在每个作品前，"准备工作"会标注出应该使用什么类型的绳子。绳子的粗细以mm（毫米）为衡量单位，原因有两方面。一方面全世界大多数绳材供应商都使用国际公制，另一方面对于某些粗细的绳子，英制转换并不总是很精确，而绳子粗细的精确性非常重要，所以本书以mm为单位。

但是，如果需要使用和"准备工作"中标注出的不同粗细的绳子，可以参考"估算绳子长度"这一节（26~27页）的内容，就能学会如何调整绳子长度来适应不同粗细的绳子。

绳子的长度

第3章中的"准备工作"具体说明了应该使用多长的绳子，以cm（厘米）或m（米）为单位。在某些作品中，你会发现使用到了许多不同长度的绳子。如果你感觉剪这么多长度不一的绳子会增加工作量，其实可以将它们统一剪成最长的长度。同时这也意味着最终可能会剩余一些零碎的绳子。

绳结的松紧度也会影响所需绳子的长度。如果习惯将绳结系得松一些，那么就要考虑把绳子剪得比建议绳长再长一点。

雀头结

大多数作品会在开始的时候用雀头结将绳子固定在一根支撑杆或者支撑绳上。除非特别说明，否则都需要把绳子对折打结。

排和圈

"图案样式"和"作品"这两部分的制作步骤中，经常会有"编一排平结"或"编一圈卷结"这样的表述。其中"一排"指的是在一条直线上编织一行绳结，或者一行重复的图案样式，比如"编一排平结菱形"。此外，一排也可以是有角度的，不一定是完全水平的。在圆形或环状图案中，"一圈"的用法等同于"一排"。

插图和图表

书中的作品部分均附有制作插图，在一些较大的作品中还会有表格标注绳结信息。在某些插图中绳结之间的连接绳没有画出（如69页上图），以便突出显示绳结和图案样式。所有插图和表格均带有注释，提示它们在文字说明中的步骤。

作品

第3章"作品"中经常会用到"技法进阶"中提到的一些技法。当作品进行到这些步骤时，如有必要可返回第2章复习相关内容。

植物染色

　　植物染色说明仅适用于棉绳。植物染色本身就是一种工艺，需要一本完整的书来介绍其内容，本书只对其进行了简要的介绍。此外，要使用专门的染料，并在染色过程中保持良好通风。虽然植物性或天然染料不涉及有害的化学物质，但始终要保持谨慎，一旦浓度太高，仍需保证良好的通风。

术语表

　　如果遇到不熟悉的名词术语，可参考166页的术语表获取解释。

第1章

绳 结

绳结与人类一样古老，并且在人类文明的发展过程中起着极其重要的作用。绳结被广泛用于建筑、服装、捕鱼、航行等行业，还与魔术、医学和宗教信仰也有着密切的联系。绳结也曾是人类记事系统的基础，先人将它们作为数字符号，将信息存储在打结的绳结串中。绳结不仅实用且具有装饰性，有一个数学分支就致力于研究绳结，并通过数学公式和图表描述绳结。

如果有人在五年前告诉我，有一天我会痴迷于绳结，我肯定不会相信。但是，现在一切都真实发生了！我一直在探索绳结领域，并努力扩大对绳结的认知。我研究了几本有关绳结的书，既有指导性的教程书，也有讲解绳结的历史书，使我对绳结艺术产生了新的认识和钦佩之情。同时我也意识到，即使用相同的打结方法，但是只要加上自己的想象力和创造力，就可以打造出独特的绳结和作品。

在绳编中最常用的绳结样式其实并不多。将常用绳结集合在一起能够帮助你更好地理解绳结语言。本章中你会看到各种古老而又熟悉的绳结，以及一些全新的绳结，我希望这些绳结能激发起你的兴趣。当然，书中提到的新结是对我个人来说比较新颖，并且在绳编中不太常见的，我相信你一定也会发现一些对你来说比较新鲜的绳结。

本书作品中的每个绳结都会给出详细的解释和制作步骤，包括一些被视为最基础的绳结。因此本书无论是对于初学者、进阶者，还是具有丰富绳编经验的人都是很好的参考资料。

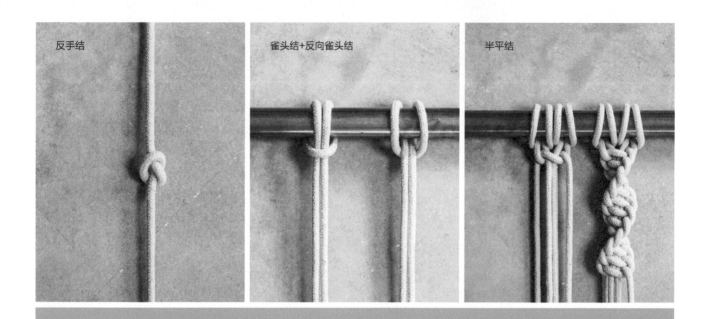

反手结

雀头结+反向雀头结

半平结

基础绳结

    基础绳结是绳编中最常用到的几种绳结，如果有绳编经验，应该对这些绳结很熟悉。由于这些绳结将在本书的作品中频繁使用，在介绍新结和更复杂的绳结之前将详细介绍它们。

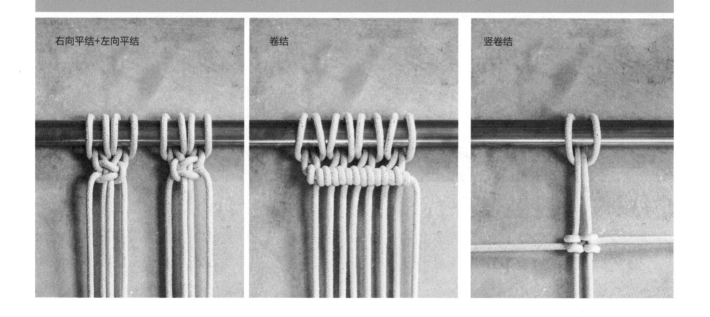

右向平结+左向平结

卷结

竖卷结

反手结（Overhand Knot）

反手结也被称为简单结、单结和拇指结。反手结无疑是绳结中最简单的结，主要用于防止绳段散开，或者将一束绳子捆扎在一起。这也是制作其他更复杂绳结的第一步。

步骤1　把绳子绕成1个绳环，让其中一端穿过绳环。

步骤2　拉动绳子两端系紧绳结。如果只是想暂时把绳子捆在一起，注意不要系得太紧。

雀头结（Lark's Head Knot）

雀头结用于将绳子固定在支撑杆、支撑绳或其他物品上。绳结的水平突起部分朝向前面。

步骤1　对折绳子，将绳环由前向后搭在支撑杆或支撑绳上。

步骤2　将绳子末端穿过绳环。

步骤3　拉动绳子系紧绳结。

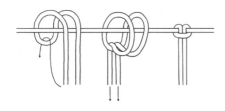

反向雀头结（Reverse Lark's Head Knot）

当希望将绳结的水平突起部分放在作品后面时，可以使用反向雀头结。反向雀头结类似于卷结，优势在于可以在一排绳结中不断添加绳子并融合到图案样式中。

步骤1　对折绳子，将绳环由后向前搭在支撑杆或支撑绳上。

步骤2　将绳子末端从后向前穿过绳环。

步骤3　拉动绳子系紧绳结。

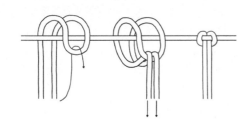

垂直雀头结（Vertical Lark's Head Knot）

垂直雀头结可以以整洁的方式覆盖支撑杆或支撑绳。如果用力拉紧绳子，支撑绳会弯曲，非常适合用来制作盆栽吊篮的吊环。垂直雀头结的一半称为半结，重复相同的半结，将会得到一个螺旋结构。

步骤1　编织绳上端固定，下端从前面穿过填充绳，绕到填充绳的后面，并绕到编织绳的前面，完成垂直雀头结的半结。

步骤2　将编织绳放到填充绳后面，绕到前面，并向下穿过绳环，完成一个垂直雀头结。在拉紧编织绳的同时，注意确保填充绳绷直。

步骤3　重复步骤1和2。如有需要，可以把绳结拉得更紧密一些，使绳子弯成一根曲线。

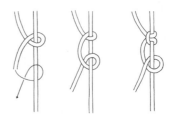

左向半平结（Left-Twisting Half Square Knot）

半平结也叫螺旋结，是制作螺旋结构最常用的一种绳结。通过重复左向半平结，将会得到一个从左向右旋转的螺旋结构。

步骤1　将A绳向右压在2根填充绳（B和C）上，并放在D绳后面，形成1个绳环。将D绳从后面穿过2根填充绳。

步骤2　将D绳从后往前穿过A绳形成的绳环。

步骤3　均匀用力拉紧A和D2根编织绳，系紧绳结。向上推绳结的同时，拉紧2根填充绳。

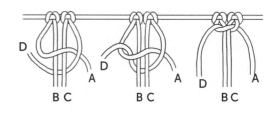

右向半平结（Right-Twisting Half Square Knot）

重复右向半平结可以形成一个自右向左旋转的螺旋结构。

步骤1 将D绳向左压在2根填充绳（B和C）上，并放在A绳后面，形成1个绳环。将A绳从后面穿过2根填充绳。

步骤2 将A绳从后往前穿过D绳形成的绳环。

步骤3 均匀用力拉紧A和D2根编织绳，系紧绳结。向上推绳结的同时，拉紧2根填充绳。

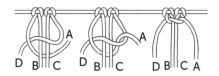

平结（Reef Knot）

平结也称方结（Square Knot）或所罗门结（Solomon Knot），是绳编中使用频率很高的一种绳结。平结由一左一右两个半平结按顺序编织组合而成，外观上前后一致。

右向平结（Right-Facing Square Knot）

如果一个平结以右向半平结开始，平结的右侧会形成垂直突起；如果以左向半平结开始，平结的左侧会形成垂直突起。

步骤1 将D绳向左压在2根填充绳（B和C）上，并放在A绳后面，形成1个绳环。将A绳向后穿过D绳形成的绳环。

步骤2 均匀用力拉紧A和D2根编织绳，系紧绳结，完成1个右向半平结。

步骤3 继续制作1个左向半平结。

步骤4 均匀用力拉紧A和D2根编织绳，系紧绳结，同时保持2根填充绳垂直紧绷。

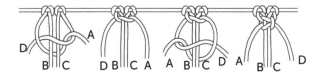

平结绳（Square Knot Sennit）

平结绳也称所罗门绳（Solomon Bar），由一系列交替的左右向半平结组成。如果忘了接下来要使用哪边的绳子，只需检查最后一个结的垂直突起是在左边还是右边。如果最后一个突起是在右边，接下来应该使用右边的绳子系一个右向半平结。

步骤1 以1个右向或左向平结开始平结绳。

步骤2 继续系1个反向半平结。下图中绳结的垂直突起在右边，所以接下来应该再系1个右向半平结。

步骤3 现在垂直突起在左边，因此接下来应该再系1个左向半平结。然后拉直填充绳并向上推绳结。

步骤4 重复以上步骤，直至平结绳达到需要的长度。

交替平结（Alternating Square Knots）

交替平结由2排或者2排以上的平结组成，其中第1排的填充绳在第2排充当编织绳，第1排的编织绳在第2排充当填充绳。重复交替平结形成网状图案，每排平结之间的距离决定了网的密度。交替平结可以是右向也可以是左向。

步骤1 编1排平结。编第2排时将相邻平结的编织绳作为填充绳，同时将左右相邻的2根填充绳作为编织绳，形成交替排布的2排平结。

步骤2 第2排平结与上一排平结间的距离可根据需要进行调整，距离太近会形成一个紧密的网，距离太远会形成一个疏松的网。

步骤3 通过在每排平结之间转换填充绳和编织绳，完成交替平结的编织。

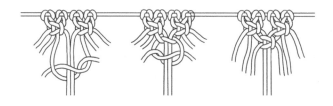

卷结（Clove Hitch）

　　卷结也称双半结，是制作复杂图案样式和作品最好用的一种绳结。与平结一样，卷节是绳编中很常用的一种绳结。填充绳的角度决定了打结的路径：如果填充绳水平放置，编出来的就是横卷结；如果倾斜填充绳，编出来的就是斜卷结；如果填充绳垂直放置，编出来的就是竖卷结。本书将横卷结和斜卷结统称为卷结。制作作品时要注意观察填充绳的角度。

从左向右的卷结（Clove Hitches Left to Right）

步骤1　编织绳置于填充绳后面，上端固定，将下端向左拉，从前往后绕过填充绳。

步骤2　拉紧编织绳，将编织绳向右拉，从前往后绕过填充绳，并穿过填充绳下方的绳环。

步骤3　拉动编织绳系紧绳结，同时轻微向上倾斜填充绳。使用绳结右边相邻的绳子继续重复以上步骤。

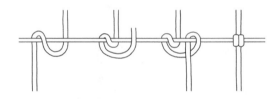

从右向左的卷结（Clove Hitches Right to Left）

步骤1　编织绳置于填充绳后面，上端固定，将下端向右拉，从前往后绕过填充绳。

步骤2　拉紧编织绳，将编织绳向左拉，从前往后绕过填充绳，并穿过填充绳下方的绳环。

步骤3　拉动编织绳系紧绳结，同时轻微向上倾斜填充绳。使用绳结左边相邻的绳子继续重复以上步骤。

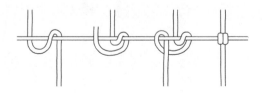

编织绳太长的替代方案

　　如果编织绳太长，每个卷结就需要花费更多时间来将编织绳绕过填充绳。这时，可尝试下面这种替代方案。

步骤1　垂直悬挂编织绳，把填充绳当作临时的编织绳。如图所示，将填充绳弯曲绕编织绳1圈。

步骤2　拉直填充绳，完成卷结的前半部分。

步骤3　重复上述步骤完成1个卷结。

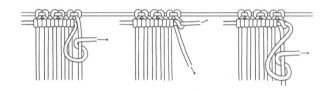

竖卷结（Vertical Clove Hitch）

　　竖卷结是将垂直的绳子作为填充绳使用，编织绳则横穿其上。

步骤1　制作从左至右的竖卷结。将编织绳水平放置在填充绳后面，左端固定，将右端从前向后绕到填充绳的后方。

步骤2　拉紧编织绳，然后将编织绳向下拉到填充绳的左前方。

步骤3　将编织绳穿过填充绳右侧形成的绳环。

步骤4　拉紧编织绳系紧绳结。继续重复以上步骤完成1排竖卷结。

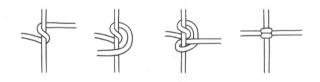

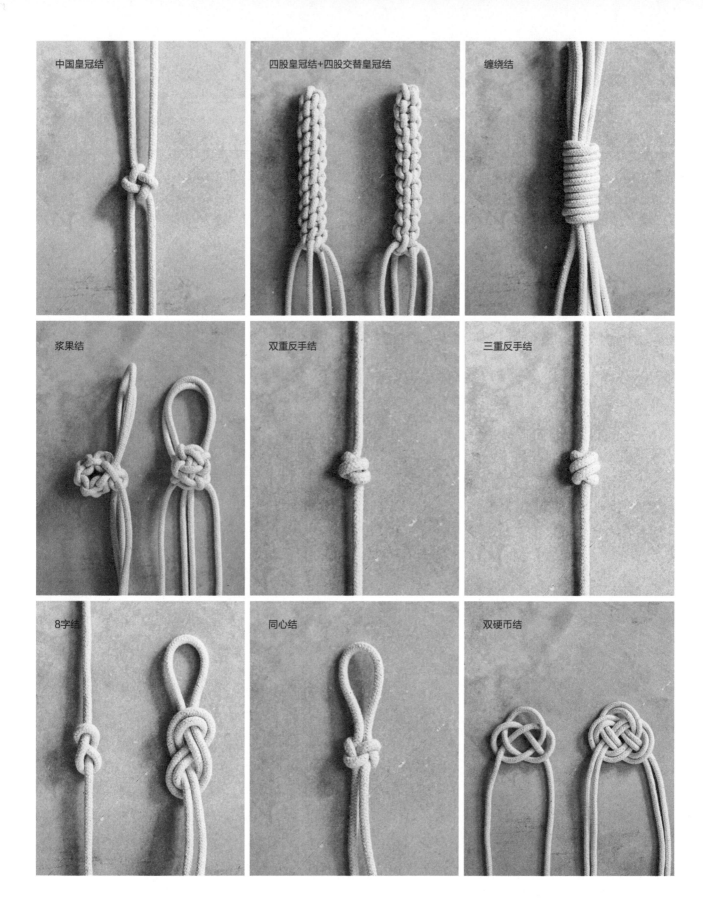

中国皇冠结

四股皇冠结+四股交替皇冠结

缠绕结

浆果结

双重反手结

三重反手结

8字结

同心结

双硬币结

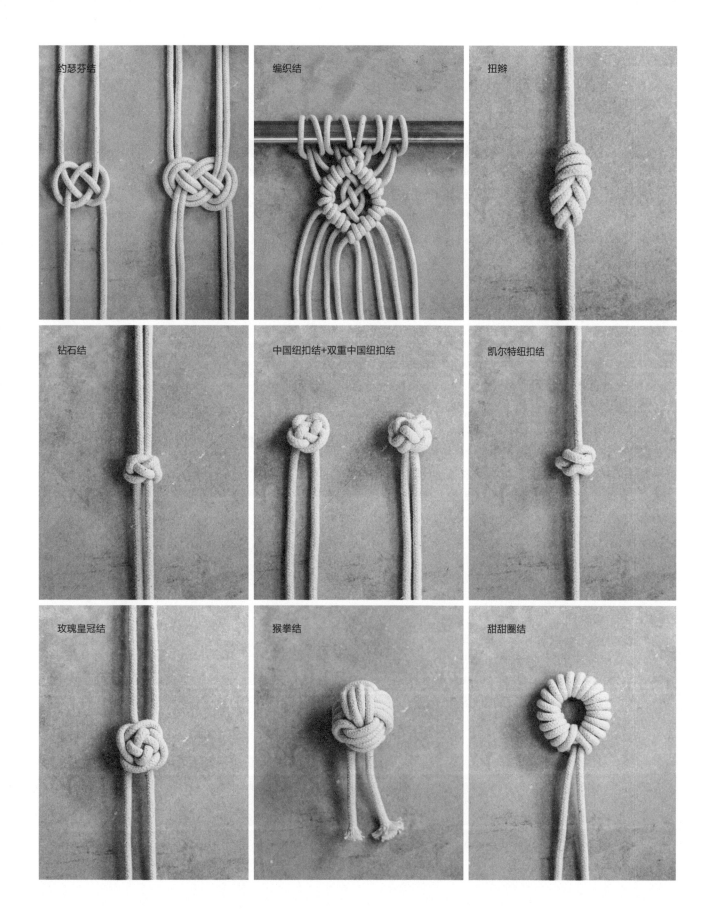

约瑟芬结

编织结

扭辫

钻石结

中国纽扣结+双重中国纽扣结

凯尔特纽扣结

玫瑰皇冠结

猴拳结

甜甜圈结

进阶绳结

掌握了基础绳结之后，就可以学习一些进阶绳结扩充绳结库，并尝试在作品中引入这些新的与众不同的绳结。对于其中的一些绳结，你可能需要有所创新，将其以恰当的方法添加到绳编作品中。尝试跳出思维定势进行思考，比如如何在壁挂作品中应用猴拳结（见13页）。

在应用这些绳结之前，要加强练习直到非常熟悉，同时练习也是了解不同绳结的优点和特性的一种好方法，能让你对绳结的使用更加得心应手。

皇冠结（Crown Knot）

编织绳彼此上下互穿可形成皇冠结。绳编中重复编织皇冠结会形成一根皇冠结编绳，常见于植物吊篮等作品。相同的编织技巧，也可以用在任意数量的绳子上。如果在绳编中只重复右皇冠结或左皇冠结，会得到圆形的结构；如果交替使用右皇冠结和左皇冠结，会得到方形的结构。

中国皇冠结（Chinese Crown Knot）

步骤1　将A绳从前方绕到B绳右侧，接着从后方绕回B绳左侧，然后再从后方绕到B绳右侧。

步骤2　将B绳从后方向上穿过A绳形成的3条横线，然后从前方向下绕过前2条横线，穿入绳环。

步骤3　均匀地拉紧A绳和B绳，系紧绳结。

步骤4　如果使用相邻皇冠结上相邻的绳子继续编织，最终可形成网状结构。

四股皇冠结（4-Ply Crown Knot Sennit）

步骤1　4股绳子重复编织同向皇冠结可以形成四股皇冠结（圆形皇冠结）。以右皇冠结为例进行示范。将A绳向右压在B绳上，将B绳向上压在A绳和C绳上。

步骤2　将C绳向左压在B绳和D绳上，接着将D绳向下压在C绳上，并穿过A绳形成的绳环，完成1个皇冠结。

步骤3　均匀拉紧每根绳子。

步骤4　重复步骤1~3，直到达到需要的长度。

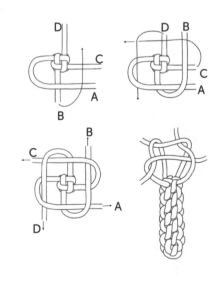

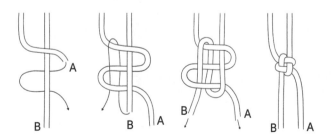

四股交替皇冠结（4-Ply Alternating Crown Knot Sennit）

步骤1 4股绳子交替编织左右皇冠结可以形成四股交替皇冠结（方形皇冠结）。按照四股皇冠结中的步骤1~3制作1个右皇冠结（见8页）。

步骤2 在第1个皇冠结后，切换方向编织左皇冠结。

步骤3 每完成一个皇冠结就切换一次方向，并确保每个绳结的松紧度一致。

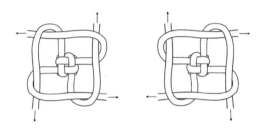

缠绕结（Wrap Knot）

缠绕结也叫收纳结（Gathering Knot），可以用来收纳任意数量的绳子，也可以用于绳子的收尾处理，以防磨损。缠绕结常见于植物吊环制作中，可将编织绳收纳固定在圆环下方。

步骤1 把填充绳聚拢到一起，将编织绳弯成U形，用一端缠绕填充绳一圈，并把拇指放在交叉点上以固定位置。然后在第1圈下方继续缠绕编织绳，注意确保每一圈都要整齐紧密。

步骤2 到达需要的长度后，将编织绳末端穿过绳环。

步骤3 向上拉动编织绳的另一端，将绳环拉进绳结里面，如有需要，可以剪去编织绳的两端。

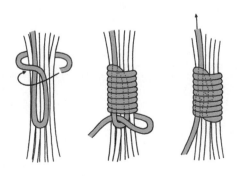

浆果结（Berry Knot）

浆果结也被称为澳洲坚果结（Macadamia Knot）或平结钮（Square Knot Button），通常由3~5个平结组成。当需要在绳编作品中添加一些装饰性的绳结或纹理时，可以选择这种简便常用的绳结。编织浆果结时，一定不要忘记预留足够长度的绳子，尤其是编织绳，因为这种绳结非常耗费绳子。

步骤1 编3个或3个以上平结组成一段平结绳。

步骤2 将填充绳向上弯曲穿过平结绳上方填充绳之间的空隙后再垂下来，形成向上卷曲的浆果结。

步骤3 在浆果结下方系1个半平结或平结将浆果结固定好。

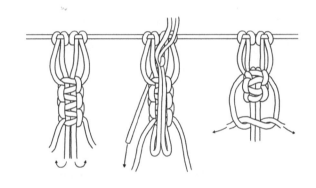

双重反手结（Double Overhand Knot）

把2个反手结绑在一起便成了1个双重反手结，也称为血结（Blood Knot）。绳结形状像一颗珠子，很具装饰性，而且可以防止绳端磨损。

步骤1 先编织1个常规的反手结（见3页），但不拉紧。

步骤2 将编织绳的一端再缠绕1圈，从后向前穿过绳环。

步骤3 拉紧绳子两端，系紧绳结。

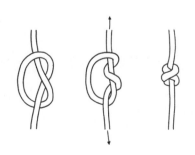

三重反手结（Threefold Overhand Knot）

当把反手结里的编织绳缠绕3圈后，便成了三重反手结，也叫桶结（Barrel Knot）。三重反手结本质上就是一个长一点的双重反手结，因此也更显眼。但它需要制作到位，而不是像双重反手结简单拉紧绳端即可。如果想要编织更长的反手结，只需将绳子尽可能多地缠绕。

步骤1　先编织1个常规反手结（见3页），但不拉紧。

步骤2　将编织绳的一端再缠绕2圈，从后向前穿过绳环。

步骤3　边整理绳结的形状边轻轻拉紧绳子两端，系紧绳结。

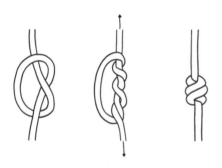

8字结（Figure-Eight Knot）

8字结也叫萨伏伊结（Savoy Knot）和回8字结（Flemish Bend），类似于反手结，也是一种绳尾结，但是很容易解开，非常实用。双重8字结更具装饰效果，常见于项链和其他装饰物中。

步骤1　绳子向上弯曲，交叉后，从上方绳子的后面绕过。

步骤2　向下从前方穿过绳环，拉紧绳子两头，完成8字结。

步骤3　如果想要编织双重8字结，将绳子末端再次向上弯曲穿过绳环。

步骤4　将绳子沿着已有的轨迹穿过绳环，直到绳子两端汇合在一起。

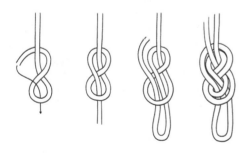

同心结（True Lover's Knot）

同心结可用于指代多种绳结，所以你可能会困惑这个同心结与你之前见到的同心结有所不同。所有这些同心结的共同之处是它们都象征着爱情，因此在订婚戒指中经常可以看到。这个同心结是由相互连接的反手结组合而成，既可以用2根单独的绳子编织，也可以用1根绳子在底部弯曲形成第2个结，这样同心结下面就会形成1个环。也可以将多个同心结编织成网状结构。

步骤1　用A绳系1个反手结（见3页），但不拉紧。将B绳向上弯曲穿过左边A绳反手结的绳环，然后从后面穿过B绳绳环。

步骤2　现在2个反手结就连在一起了。

步骤3　拉紧绳子两端，系紧绳结。

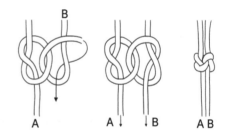

双硬币结（Double Coin Knot）

双硬币结类似于约瑟芬结（见11页），但是是用1根绳子编织而成。双硬币结经常被作为高级装饰绳结的起点，因此需要用心学习。

步骤1　将绳子弯曲成1个环，用A端在第1个绳环的上方再弯曲形成1个环。

步骤2　将A端从下方绕到B端的左侧。

步骤3　将A端按照上面、下面、上面、下面的顺序依次穿过编织绳到达右侧，并按照需要的形状拉紧绳子。

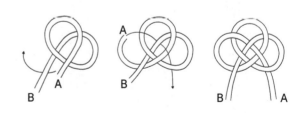

约瑟芬结（Josephine Knot）

约瑟芬结也叫金钱结（Carrick Bend）或者水手结（Sailor's Knot）。它和双硬币结相似，只不过是由2根独立的绳子编织而成。因此可以通过在相邻约瑟芬结间交替编织制作成网格结构。双重或三重的约瑟芬结具有华丽的视觉效果。

步骤1 弯曲A绳形成绳环，放在B绳下。向左弯曲B绳，置于A绳下。
步骤2 弯曲B绳，按照上面、下面、上面、下面的顺序依次穿过绳环。
步骤3 轻拉2根绳子，系紧绳结。

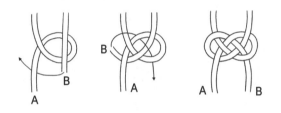

编织结（Weave Knot）

编织结也叫绳辫结（Braid Knot）。这种特殊的绳结需要在其上下编织其他结来进行固定，例如用平结或卷结组成1个菱形，编织结位于菱形中央。基础编织结由4根绳子组成，加倍或者三倍的绳子会让绳结看上去更加独特。有关编织结在图案样式中的效果示例，可以参考花束包装作品（见152页）。

步骤1 B绳交叉放在C绳上方。
步骤2 如图所示，将C绳压在A绳上，D绳压在B绳上。A绳交叉放在D绳上方。
步骤3 将D绳压在C绳上，B绳压在A绳上。
步骤4 最后C绳交叉放在B绳上方。

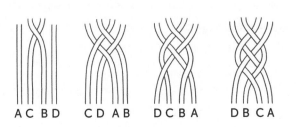

扭辫（Twist Braid）

扭辫也被称为喇叭绳（Trumpet Cord）。这个可爱的装饰小结虽然看上去有点复杂，但是通过在拇指和食指间缠绕制作能很容易完成。

步骤1 将绳子放在拇指和食指之间，一端绕过食指，并从下方穿过绳子。然后将绳子呈8字形绕过拇指和食指，注意分别从下方和上方穿过食指上的绳环。
步骤2 将绳子从2股绳环下方穿过，然后再次环绕拇指。
步骤3 分别从下方和上方穿过食指上的绳环。
步骤4 将绳子从3股绳环下方穿过，呈8字形环绕拇指和食指，注意分别从下方和上方穿过食指上的绳环。
步骤5 轻轻地从手指上取下绳子，边整理绳结的形状，边慢慢拉紧绳子两端。如果直接拉紧绳子两端，将会破坏绳结的形状。

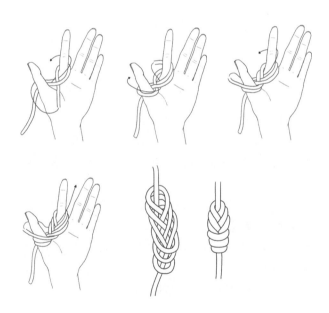

钻石结（Diamond Knot）

钻石结也称刀索结（Knife Lanyard Knot）。以约瑟芬结开始，并以装饰性方式将两根绳子缠绕在一起。

步骤1 以约瑟芬结作为开头（见11页），然后将C绳分别从上面和下面穿过D绳和B绳，向上弯曲到右侧。

步骤2 如图所示，将C绳从后向前穿过约瑟芬结的中间。

步骤3 将B绳弯曲到A绳的左侧，并从后向前穿过约瑟芬结的中间。

步骤4 向下拉紧B绳和C绳，向上拉紧A绳和D绳，同时调整绳结的形状，直到完全收紧。

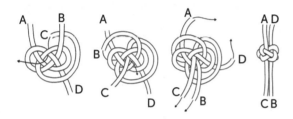

中国纽扣结（Chinese Button Knot）

顾名思义，中国纽扣结的形状就像球形的小纽扣。

步骤1 如图所示，用1根绳制作2个交叉的绳环。将A端向上弯曲，按照下面、上面、下面、上面的顺序依次穿过绳环中的绳子，形成第3个绳环。

步骤2 再将A端向左弯曲压在B端上，按照下面、上面、下面、下面的顺序依次穿过绳环中的绳子，形成第4个绳环。

步骤3 现在绳子两端都位于绳环的下面。轻轻拉动绳子两端，收紧绳结。

步骤4 想要形成纽扣结，需向里按压绳结的侧面，同时拉紧绳子。

步骤5 最后绳结形成一个整齐的圆球形。

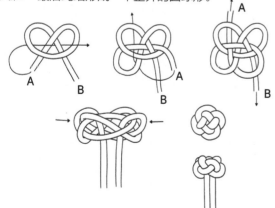

双重中国纽扣结（Chinese Button Knot Doubled）

中国纽扣结也可以加倍编织，以获得更大、更醒目的纽扣结。

步骤1 若要在不增加绳子数量的情况下加倍打结，要先完成中国纽扣结的步骤1~3，但不要收紧绳结。将A端向下穿过绳环，B端向上穿过绳环。

步骤2 继续沿着先前的绳环轨迹弯曲缠绕，完成后，绳的两端应再次位于绳环的下方。

步骤3 收紧绳结的部分有一些复杂。首先将4个绳环向里轻轻按压，形成一个松散的绳结。然后一圈圈收紧绳子，确保成对的绳子彼此紧贴。

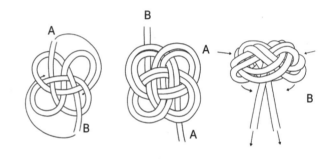

凯尔特纽扣结（Celtic Button Knot）

凯尔特纽扣结是一种防脱结（Stopper Knot）。它与中国纽扣结的不同之处在于只需要弯曲缠绕其中一端的绳子。凯尔特纽扣结与钻石结也很相似，但是仅需1根绳子而不是2根。

步骤1 用1根绳子制作2个交叉的绳环，第2个绳环位于第1个的上方。

步骤2 向上弯曲B端，按照上面、下面、上面、下面的顺序依次穿过绳环中的绳子，形成第3个绳环。

步骤3 继续向上弯曲B端，如图所示穿过绳环中的绳子，形成第4个绳环。

步骤4 使中间的绳结向周围扩展。

步骤5 拉动绳子两端收紧绳结。

步骤6 一次拉紧1个绳环，以便调节绳环的位置。另外，必要时可以使用镊子进行辅助。

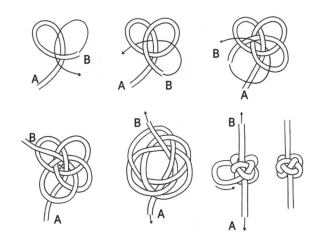

猴拳结（Monkey's Fist）

猴拳结也被称为硬头结（Slungshot），常见于绳子末端。如果在绳结里面放置一个小石头或小珠子，形状和稳定性会更好。制作猴拳结时可以缠绕3圈，也可以按照本书中的制作说明缠绕4圈。

步骤1　制作一个由4个垂直环组成的绳环，制作技巧是将绳子缠绕在手指上以保持形状。水平弯曲绳子，在垂直环上缠绕4个水平环，同时确保第1组垂直环的形状。

步骤2　完成4个水平环后，可根据需要在中间放入一个小物品。然后向上弯曲绳子，在水平环上缠绕4个垂直环。第2组垂直环位于第1组垂直环内。

步骤3　收紧绳结。轻轻地拉动松散的垂直环，从离绳端最远的绳环开始，一次收紧一圈。

步骤4　确保每个绳环排列正确，最后拉动绳端收紧最后一个绳环，完成猴拳结。

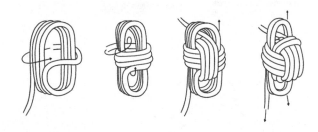

玫瑰皇冠结（Rose Crown Knot）

我只遇到过一次这个绳结，并不确定它的来历和名称。它由交替的左、右皇冠结编织成，并且在每个皇冠结的翻转面继续进行编织，形成类似玫瑰的球形结构，所以我认为玫瑰皇冠结是比较适合它的名称。玫瑰皇冠结可根据需要编织多个皇冠结，但4或5个皇冠结最好看。

步骤1　编织1个右皇冠结（见8页），收紧绳结。

步骤2　翻转绳结并切换方向，编织左皇冠结，并收紧绳结。

步骤3　再次翻转绳结，编织第2个右皇冠结，并收紧绳结。接下来重复步骤2，编织第2个左皇冠结。

步骤4　收紧第4个皇冠结后，绳结的背面应如图中所示。

步骤5　最后翻转绳结，收获一朵玫瑰。

甜甜圈结（Doughnut Knot）

用单根绳子弯曲缠绕，形成一个整齐的甜甜圈结。

步骤1　将单根绳子环绕出几个等大的绳环，然后将绳子一端逆时针缠绕在绳环上。

步骤2　确保绳子紧紧包裹绳环，必要时将小环推紧。

步骤3　缠绕完成后，将绳子末端穿过第一次缠绕产生的环，如有必要可使用镊子辅助穿环。拉紧绳子，收紧绳结。

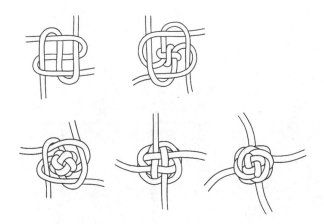

 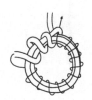 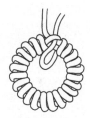

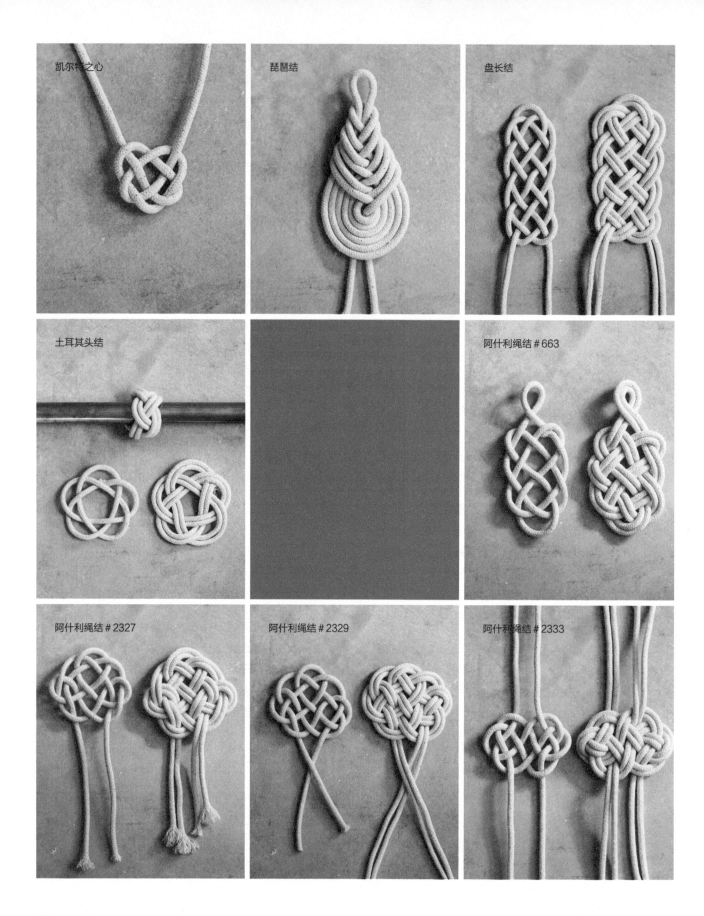

凯尔特之心

琵琶结

盘长结

土耳其头结

阿什利绳结 #663

阿什利绳结 #2327

阿什利绳结 #2329

阿什利绳结 #2333

装饰绳结

　　本节汇集了我个人比较喜欢的装饰性绳结。除了土耳其头结可以绑在物体或绳子上具有固定作用，其他基本只是纯装饰性绳结。其中一些绳结我未能找到准确的名称，但简单列出它们在《阿什利的绳结书》（*The Ashley Book of Knots*，作者Clifford W. Clifford，一部绳结百科全书，1944年首次出版）中的排序数字，将这些绳结统称为阿什利绳结#+编号。

　　我希望通过本节可以让大家了解到，用绳子编织出独特装饰图案的方法是无限的。此外，为了便于打结，你可能需要一个编织垫板（见22页），并配合使用珠针。巧妙地利用这些工具将使双重或三重编织更加轻松。

凯尔特之心（Celtic Heart）

　　这个小绳结是由1根绳子编织成的，绳子两端从顶部延伸出来，形成吊坠。

步骤1　先打1个反手结（见3页），然后将B端按照上面、下面、上面的顺序依次穿过绳环中的绳子，到达左侧。此时不要拉紧绳子，保持绳环的松散。

步骤2　再将B端弯折回来，按照下面、上面、下面的顺序穿过绳环中的绳子，最后从右侧绳环穿出。

步骤3　轻轻调整绳结，使其看起来更像心形。

步骤4　拉紧绳子两端，完成绳结。

琵琶结（Pipa Knot）

　　漂亮的琵琶结是一种古老的中国结，它的名字来源于一种梨形的中国古乐器——琵琶。该绳结可以用于项链和耳环的制作，也可以添加到其他图案样式和作品中。

步骤1　弯曲绳子形成1个小绳环，B端不参与打结，因此可以短一些。A端弯曲成1个大绳环，并从小绳环后面绕过。

步骤2　将A端拉回到前面，并紧贴第1个大绳环内部制

作第2个大绳环。

步骤3　将A端从小绳环后面绕过，并紧贴在前一个绳环下面。然后继续沿着大绳环内部制作出下一个大绳环。

步骤4　重复以上步骤，直到底部绳环被填满为止。然后将A端从前往后穿过中间的孔，完成绳结。

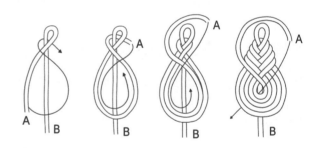

盘长结（Prolong Knot）

　　这个历史悠久的绳结在中国结中也被称为繁荣结（Prosperity Knot），可以根据设计需求制作到足够的长度。盘长结可用于制作装饰垫，曾经在船上很常见。使用盘长结制作垫子，需要添加更多的绳子以结成多股。

步骤1　先打1个双硬币结（见10页），然后将底下的2个绳环向下拉伸，并将每个绳环进行扭转，使左侧的绳子压在右侧的绳子上。

步骤2　将右侧的绳环交叉压在左侧的绳环上。

步骤3　如图所示，将A端按照下面、上面、上面、下面的顺序穿过右下方的绳环，到达右侧。

步骤4　如图所示，将B端按照上面、下面、上面、下面、上面的顺序穿过左下方的绳环，到达左侧。

步骤5　完成4层交叉的盘长结。如果要延长绳结长度，可再次向下拉伸下部的2个绳环，如步骤1中一样扭转绳环，继续重复步骤2~4。

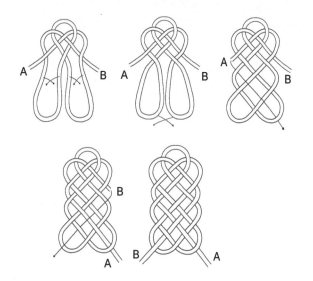

土耳其头结（Turk's Head Knot）

土耳其头结实际上包括一系列装饰性绳结，可以编织成平面的绳结，也可以在圆柱形的填充物上编织成曲面的绳结。

平面

步骤1　绳子一端固定，用另一端先绕出1个绳环，然后在第1个绳环上绕出第2个绳环。

步骤2　按照上面、下面、上面的顺序依次穿过左侧的绳环，形成第3个绳环。

步骤3　按照下面、上面、下面、上面的顺序依次穿过右侧绳环，形成第4个绳环。

步骤4　通过缝合或粘贴将绳子两端固定在一起，完成第5个也是最后一个绳环。单绳结制作完成，但也可以按照之前的编织轨迹进行环绕，使绳结扩大。

步骤5　此处显示的是双重平面土耳其头结，可将填充物插入绳结中间对其进行调整。

曲面

步骤1　绳子一端固定，另一端从前向后绕过填充物，接着压在第1圈绳子上继续环绕填充物。然后按照上面、下面、上面的顺序穿过绳子，绕到左侧。

步骤2　如图所示，交叉绳子，将左侧的绳子压在右侧的绳子上。

步骤3　如图所示，将绳端从相邻绳子下面穿过，移到右侧。

步骤4　如图所示，交叉绳子，将右侧的绳子压在左侧的绳子上。

步骤5　如图所示，将绳端从相邻绳子下面穿过，移到左侧。

步骤6　重复步骤2~5，调整绳结使其均匀地环绕在填充物上。双重或三重绳结会更稳定和醒目，最后的图示是双重曲面土耳其头结。

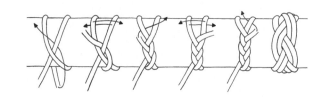

阿什利绳结 # 663

在《阿什利的绳结书》中，这个小结并没有被过多提及，仅仅被描述为一种形似"青蛙"的绳结，常用作衣服上的装饰纽扣。就个人而言，我认为这种绳结非常漂亮和精致，可以应用到首饰、吊坠等工艺品的制作中。

步骤1　用绳子绕1个绳环，使绳端位于绳环上方。将B端弯曲到左下方，A端弯曲到右下方。

步骤2　如图所示，将B端按照上面、上面、下面、上面、下面的顺序穿过绳环，绕到右上方。

步骤3　如图所示，将A端按照下面、上面、下面、上

面、下面、上面的顺序穿过绳环，绕到左上方。然后用A端绕1个小绳环，将B端隐藏在小绳环下。

步骤4 至此绳结基本完成，最后可通过缝合或胶水粘贴将绳子两端固定在一起。为了使绳结更加结实和醒目，还可以用A端按照编织轨迹进行加倍编织。

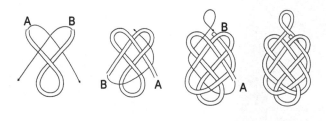

阿什利绳结 # 2327和 # 2329

这是我在《阿什利的绳结书》中最喜欢的2个未命名的绳结。我将它们引入本书中，是为了展示绳结编织中如何通过微小的变化产生新的绳结，这是展示绳结无限可能性的最佳例子。

步骤1 编织 # 2327时，首先用绳子绕出中间的第1个绳环，接着用B端在右边绕出第2个绳环，A端在左边绕出第3个绳环。

步骤2 将B端放在A端下，然后向上按照下面、上面、下面、下面、上面、下面的顺序穿过绳环，并压在A端上。

步骤3 将A端向上按照上面、下面、上面、下面、上面、下面、上面、下面的顺序穿过绳环，并压在B端上。

步骤4 根据需要收紧绳结。

步骤1 编织 # 2329时，先完成 # 2327中的步骤1，接着将B端放在A端下，然后向上按照下面、下面、上面、上面、下面、下面的顺序穿过绳环中的绳子，并压在A端上。

步骤2 向上弯曲A端，按照上面、下面、上面、下面、上面、下面、上面、下面、上面、下面的顺序穿过绳环，并压在B端上。

步骤3 根据需要收紧绳结。

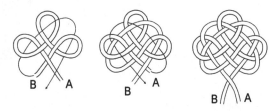

阿什利绳结 # 2333

在《阿什利的绳结书》中，这个结是由2根绳子编织成的，可以用于制作具有装饰性的网格。当然，也可以用1根绳子编织，使绳结变成吊坠。

步骤1 将A绳和B绳向上弯曲形成交叉，并使A绳在上。A绳向下弯曲形成绳环，并向上绕到左侧。

步骤2 B绳向下弯曲形成绳环，然后向上按照下面、下面、上面、下面的顺序绕到右侧。

步骤3 A绳向下按照下面、上面、下面、上面的顺序穿过左侧的绳环，B绳向下按照上面、下面、上面、下面的顺序穿过右侧的绳环。

步骤4 根据需要收紧绳结。

步骤5 交叉绳端，完成绳结 # 2333。

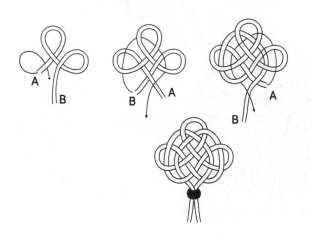

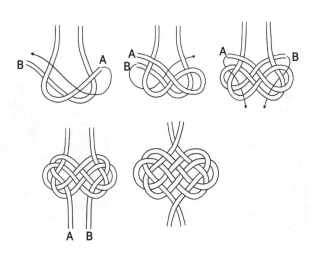

第2章

技法进阶

经过上一章你一定对绳结有了充分的了解，或许已经能熟练地打出绳结来，甚至能够制作一些盆栽吊篮和壁挂，但如果还想继续提升技能水平，加强对绳子和绳结作品的认识，那么这一章的学习可以帮助你提升到新的水平。

本章将介绍我多年来学到的所有技巧和窍门。首先，我将对绳编艺术的无限性以及如何从中找到自己的艺术风格进行一些探索。然后我会介绍一些实用的技巧，让你的绳编过程更加顺畅。最后我提供了几种绳编的新技法，如果将其整合到你的绳编中，一定会非常独特和个性化。

艺术的无限性与
探寻个人的艺术风格

近年来随着绳编和纤维艺术的迅猛发展，许多人表示，现有的打结方法如此之多，已经处于完备的状态，没有人能够再做出新的独特创意。但是，我并不认同这种看法。就像不断以新的旋律和风格创作出新的音乐一样，在手工艺术中，每个人都可以拥有独特的"声音"。我相信，如果有创新的想法并为此付出行动，就有能力创作出独特的艺术品。只不过这个过程需要有意识地去思考，并且运用一些创造性思维方式。

如果你对创新和创造力不感兴趣，那也是无可厚非的。与想要创造艺术品一样，只是为了减压或者放松身心，同样是制作绳编的好理由。但是我也知道，很多人认为即使想发挥创造力，他们也没有这方面的基因。如果你有这样的想法，那么这种想法可能就是你尚未找到开启创造力的钥匙的原因。希望我能在你找到钥匙的道路上提供一些帮助。

灵感

当接触一种新工艺时，复制临摹他人的作品是很常见、很必要的一种学习方法，一方面可以帮助熟悉技法，另一方面确实可以在初始阶段激发灵感。但是，大多数艺术家们认为应该避免出版或出售模仿品，因为这会损害原艺术家的权益，甚至可能侵犯知识产权。

通过欣赏其他艺术家的作品来寻求灵感确实很有帮助，但在创建自己独特的艺术风格时，这种做法可能会局限思维。在绳编以外寻找灵感是我最喜欢的提高创造力的方式。有时我会从其他物品，如调色板中寻找灵感，有时我会将一种情感贯穿到一系列作品中。

图案

不同绳结组合在一起可以创建出非常规则的几何图案样式。无论在自然界还是在人造物中，都可以轻松地找到几何图案，例如地板瓷砖，瓷砖的不同组合方式可以创造出令人惊叹的图案，可以很好地激发壁挂的创作灵感。通过花朵或切成两半的奇异果，可以获得圆形花边图案的灵感。用相机拍摄下吸引你的图案，然后考虑如何将它们转换成绳结，例如将蝴蝶翅膀或墙纸图案融合到打结中。即使无法精确地还原某个特定图案，当缺乏灵感时，这不失为一种提高创造力的办法。

纹理和质地

环顾四周，周围充满了不同纹理和质地的材料。分层的连衣裙或者衬衫上的花边能否激发你的创造灵感呢？尝试利用具有不同纹理和质地的新材料，比如缎带、蕾丝、雪纺、麻、天鹅绒等。还可以添加能产生新奇效果的材料，无论是人造物，比如人工珠子，还是自然物，比如贝壳、木头、石头等，都可以尝试应用，并进行软和硬、光滑和粗糙等的对比试验。

主题

在其他艺术领域中，主题往往是显而易见的，但在绳编中可能并不是那么明显。风景和图案等激发创作灵感后，可以尝试用或抽象或具象的方式来表现主题。

情绪和感情

虽然情绪和感情听起来有点抽象，但对艺术创作具有举足轻重的影响，值得我们深入研究。思考一下，你希望你的作品反映出什么样的情感或感觉，并由此调整选择的材料和颜色，表现幸福、温暖、冷酷、戏剧性、忧郁、平和、沉静、欢快等情感。

工具

编织时除了手、剪刀和绳子外几乎不需要其他东西，但是有些工具可以帮助你更快、更轻松、更精确地打结。本书中的某些作品会使用到下面列出的工具。

镊子

自从我使用了从我父亲—— 一位外科医生那里"偷"来的一把镊子之后，我就从笨拙复杂的打结工作中解脱出来了，节省了很多时间和精力，因此我想要强调一下镊子的重要性。一把开口尖细且弯曲的镊子可以从某些角度进入绳结，轻松地拉动绳子。

钩针

有时钩针可能比镊子更好用，特别是在处理细节的时候。

刷子

在我看来最好用的刷子是宠物美容刷，因为它们有许多细齿，可以将绳子纤维充分分开。

口罩

请务必在梳理绳尾时佩戴口罩，因为梳理过程中绳子会释放出数百万个细小的纤维颗粒，吸入这些颗粒可能会对健康不利。建议制作大型作品也要佩戴口罩，即使是简单的绳结，打结过程也可能释放出很多纤维颗粒。

编织垫板

编织并非总是悬挂着进行，有时也需要将绳子平铺在面前，例如制作绳结装饰小物时。这时可以借助编织垫板和珠针将绳子固定到正确的位置并保持形状。一般使用软木板作为编织垫板，如果没有软木板，也可以用瓦楞纸代替。

激光水平仪

让成排的绳结一直保持直线是很困难的，这时激光水平仪就是完美的帮手。它可以帮你保持精准的水平度，并且不会在绳子上留下任何痕迹。

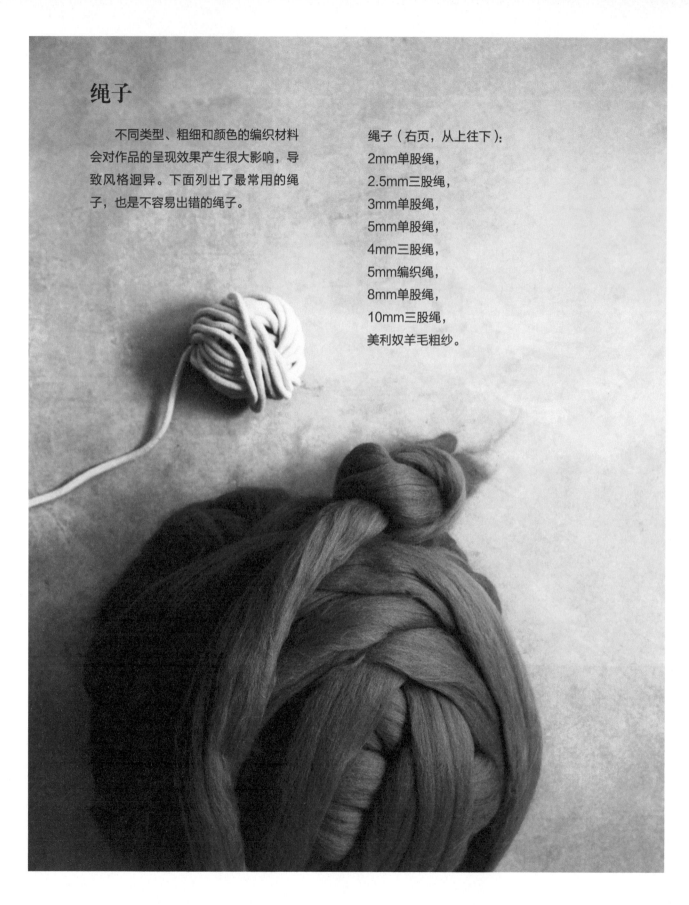

绳子

不同类型、粗细和颜色的编织材料会对作品的呈现效果产生很大影响，导致风格迥异。下面列出了最常用的绳子，也是不容易出错的绳子。

绳子（右页，从上往下）：
2mm单股绳，
2.5mm三股绳，
3mm单股绳，
5mm单股绳，
4mm三股绳，
5mm编织绳，
8mm单股绳，
10mm三股绳，
美利奴羊毛粗纱。

估算绳子长度

我遇到的最常见的问题之一就是如何估算绳子长度，例如"如果我想做一个窗帘，需要准备多长的绳子"等诸如此类的问题。我的回答通常是"这取决于设计"，虽然这样的答案可能令人沮丧。大多数人会根据经验估算需要的绳子长度，为了保险起见，实际上还会剪得更长一些。在本节中，我将根据不同类型的绳结提供不同的估算方法，大家可据此计算。

接下来我会介绍绳子长度和作品之间的关系，从而说明为什么无法精确回答上述问题。绳编窗帘既可以仅在顶部编织几排绳结，也可以在整体上设计绳结。后一种设计所需的绳子长度可能是前一种的四倍不止。话虽如此，对于明确的设计进行一些数学运算，还是能够估算出所需的绳子长度。下面以平结和卷结这两种编织中最常见的绳结为例，粗略估算所需的绳子长度。

平结图案作品

绳结区域少于50%时所需的绳子长度：约为打结区域长度的1.5~2倍，边缘长度另算。

绳结区域占50%时所需的绳子长度：大于打结区域长度的2倍，边缘长度另算。

绳结区域几乎完全覆盖时所需的绳子长度：约为打结区域长度的3倍，边缘长度另算。

卷结图案作品

绳结区域少于50%时所需的绳子长度：约为打结区域长度的2~3倍，边缘长度另算。

绳结区域占50%时所需的绳子长度：约为打结区域长度的4倍，边缘长度另算。

绳结区域几乎完全覆盖时所需的绳子长度：约为打结区域长度的6~7倍，边缘长度另算。

绳子的粗细

关于绳子的粗细，即使增加1mm也会对所需绳子的长度和作品外观产生重大影响。如果将4mm粗的绳子，替换成6mm粗的绳子，就需要增加长度弥补绳子增加的粗度。在这个示例中，绳子粗度增加了50%，所以绳子长度也需要增加约50%。如果作品制作说明中要剪取3m长的绳子，那么4mm粗的绳子替换成6mm粗的绳子时则需要剪取：3m×1.5=4.5m。

但是，绳编不是一门精确的科学，编织时绳结的松紧程度、间隔距离和绳子的硬度等其他变量都会影响最终的长度，因此都要尽量考虑在内。

绳子的硬度

不同类型的绳子具有不同的硬度。对于多股绳来说，如果组成绳子的线缠绕得非常紧，绳子就会比较坚硬，很难进行拉伸和进一步缠绕；如果组成绳子的线缠绕得比较松，绳子则会柔软且有弹力，可以进一步缠绕绳子使其变得更细一些。

单股绳不像多股绳那样由多根线高度缠绕组成，本身的结构较为松散。如同松散的多股绳一样，它在一定程度上是柔软且可拉伸的。

绳子的粗度是指不受外力时自然状态下的粗度。用4mm紧密绞合的三股绳，显然比用4mm松散的三股绳编织的绳结更大。坚硬的绳子比柔软的绳子长度消耗更快。因此使用新绳进行编织前应该测试绳子的硬度。例如，将4mm的绳子进一步缠绕或拉伸时，如果变为3mm，则应将其视为3mm。

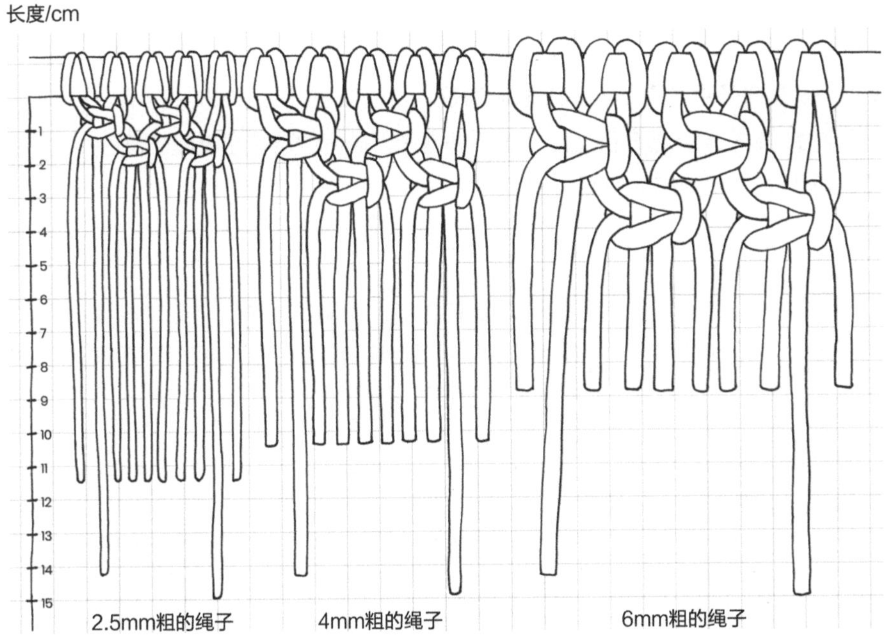

长度/cm

2.5mm粗的绳子　　4mm粗的绳子　　6mm粗的绳子

左图中，两排交替平结分别由2.5mm、4mm和6mm粗的绳子编织而成，展示了相同长度但不同粗细的绳子对作品外观的影响。在此示例中，所有绳子编完雀头结后都剩余15cm长。图中最长的绳子为填充绳，不用于编织，因此也不会变短，仍然为15cm。

绳子的粗细和类型	2.5mm三股绳（坚硬）	3mm单股绳	4mm三股绳（坚硬）	5mm单股绳	6mm三股绳（坚硬）
50cm长的绳子可容纳的绳结数量	1个雀头结和14个平结	1个雀头结和14个平结	1个雀头结和9个平结	1个雀头结和10个平结	1个雀头结和6个平结
10行交替平结需要的绳长	37cm	40cm	52cm	50cm	78cm
10行交替平结的长度	8cm	8.5cm	12cm	11.5cm	18cm
1个平结需要的绳长	3.5cm	3.5cm	4.5cm	4.2cm	6cm

注：数据仅供参考，并不作为实际指导，因为每个人编织时的力度不同。

编织中途添加新绳子

　　编织时可能发生的最糟糕的事情之一就是绳子中途用尽。不过幸运的是，可以使用以下3种方法在中途无缝添加新的绳子。当发现绳子快用完时，请提前计划在合适的位置添加绳子。最好的选择是将绳子添加到一堆绳结中间，末端隐藏在作品的背面以及周围绳结的后面。

在平结中添加填充绳

步骤1　对折新绳子，形成绳环。
步骤2　将绳环套在短的填充绳周围。
步骤3　将新绳子作为填充绳，用两侧的编织绳编1个平结。
步骤4　翻转作品，用镊子或钩针隐藏原本的填充绳末端，必要时可剪短。

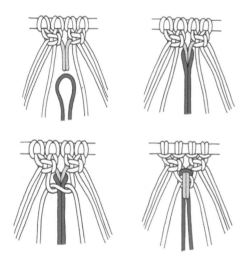

在平结中添加编织绳

步骤1　将右侧编织绳绕过填充绳，放在左侧编织绳的后面，并用手或镊子将其固定在合适的位置。将新绳子从后向前穿过右侧的绳环，然后调整新绳子的长度，使两端均等。
步骤2　将原本的编织绳向上弯折，并将左侧的新编织绳绕过填充绳，置于右侧编织绳的后面。
步骤3　将右侧的新编织绳从填充绳后面绕过，并穿过绳环。轻轻拉动新旧编织绳，仔细地调整绳结。

步骤4　翻转作品，用镊子或钩针将原本的编织绳末端隐藏起来，必要时可剪短。在此绳结下编织更多绳结，将新绳子真正固定到位。

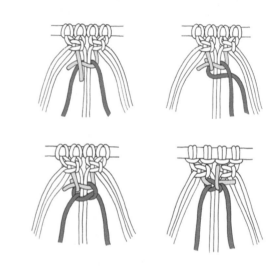

在卷结中添加编织绳

步骤1　将短的编织绳向后弯曲，并添加新绳子。
步骤2　将新绳子添加到填充绳后方，固定顶端，然后编织1个卷结。
步骤3　将新绳的顶端塞到作品后面，并继续编织卷结。翻转作品，用镊子或钩针将旧新编织绳的末端都隐藏起来，必要时可剪短。

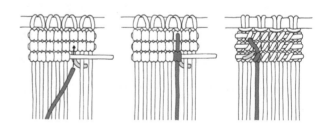

隐藏绳子末端

编织到结尾处时可能需要将绳子末端隐藏起来，例如编织完一排卷结后，或者系好装饰绳结后，或者在绳编作品中使用了其他编织技术后。无论哪种情况，都会留出一个绳子末端，不过我们有办法巧妙地将其隐藏起来。

卷结中的填充绳末端

步骤1　翻转作品，将填充绳向后弯曲。

步骤2　跳过第1个绳结，用镊子将填充绳末端穿过接下来的2个绳结。不要过度拉扯填充绳，以免造成卷结收缩并弯曲。最后剪短绳子。

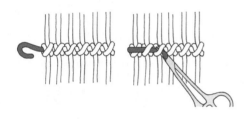

卷结中的编织绳末端

要将卷结中的编织绳末端隐藏起来，至少需要连续3排的卷结。

步骤1　翻转作品，将编织绳向上弯曲。跳过第1个绳结，用镊子将绳子末端穿过接下来的2个绳结。不要过度拉扯编织绳，以免卷结收缩并弯曲。

步骤2　剪短绳子。

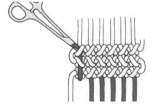

纺织纹中的纬向绳末端

纺织纹的编织通常会使用挂毯针。在绳编中，纬向绳通常太粗，可能会找不到带有足够大针孔的挂毯针。这时，建议改用镊子或钩针。如果纬向绳末端太粗难以处理，可以将其分成两部分。

步骤1　将纬向绳末端水平穿插在最接近的纬向绳后面。

步骤2　剪短绳子。

或者

步骤1　将纬向绳末端垂直穿插在最靠近的经向绳后面。

步骤2　剪短绳子。

纺织纹中的美利奴羊毛粗纱末端

步骤1　捻搓羊毛粗纱末端，使其更细更紧密。

步骤2　将绳子末端水平穿插在最近的纬向绳后面。

装饰绳结的末端

隐藏装饰性绳结末端最简单的方法就是将绳结做成双重或多重。

步骤1　将绳子两个末端排列在绳结中同一交叉点下方。

步骤2　用胶带或线缠绕绳子末端防止磨损。

步骤3　用针和线缝合末端，将其固定在绳结背面。

或者

步骤　用胶水涂抹在末端防止磨损，并使其固定在绳结背面。

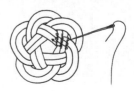

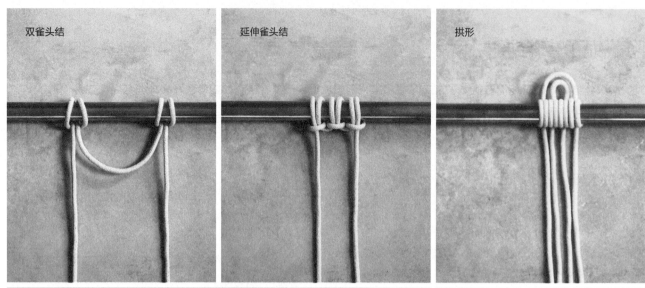

双雀头结　　　　延伸雀头结　　　　拱形

起头技法

　　在现代编织中，最常见的起头方法就是用雀头结将绳子固定在支撑杆上。

　　本节将介绍几种具有创造性的起头技法，其中一些技法，使用编织垫板更加容易完成。如果需要复习此处使用的特定绳结，请参考第1章。

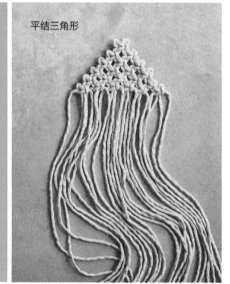

平结三角形

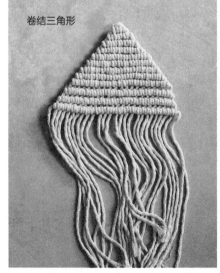

卷结三角形

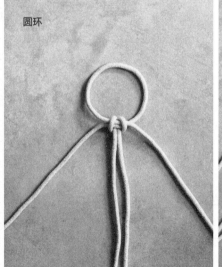

圆环

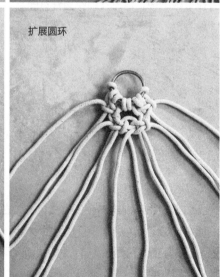

扩展圆环

双雀头结（Double Lark's Head Knot）

编织一个雀头结很容易，但对于有些人来说，用同一根绳子编织更多的雀头结就会比较困难。但是这种技法非常有用，绳结之间的绳子可以作为支撑绳，其余绳子可以固定在上面。

步骤1　用反向雀头结（见3页）将绳子固定到支撑杆上。

步骤2　将右侧的绳子从后向前绕过支撑杆，并穿过绳环。

步骤3　将绳子从前向后绕过支撑杆，并穿过绳环，完成第2个反向雀头结。调整绳结，以及绳结之间的间距。

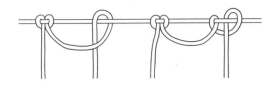

延伸雀头结（Extended Lark's Head Knot）

延伸雀头结本质上与雀头结的制作方法相同，但这些绳结彼此紧邻，不会形成支撑绳。当需要将绳子两端分开，同时又想遮挡支撑杆时，此技法非常实用。

步骤1　用雀头结（见3页）将绳子固定到支撑杆上。

步骤2　如图所示，用两侧绳子分别编织半个雀头结延长绳结，完成第2个雀头结。

步骤3　如果想连续制作3个雀头结，分别用两侧绳子继续编织半个雀头结。编织方向与步骤2相反。

步骤4　如果需要还可以继续延长绳结，确保每次都编织半个雀头结。

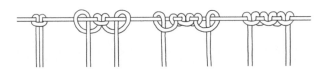

拱形（Arches）

也可以使用卷结起头固定绳子。下面展示了使用卷结在支撑杆上创建拱形的一种创新方法。此技法最好使用多股绳等较硬的绳子，不建议使用较软的单股绳，这样拱形才能具有立体感。

步骤1　在支撑杆或支撑绳上编织1个卷结（见5页），然后将编织绳上端向下弯曲紧挨第1个卷结编织第2个卷结。调整绳结，使拱形变大或变小。

步骤2　为了使拱形更加醒目，添加第2根绳子，并在第1组绳结的两侧编织卷结。

步骤3　确保拱形平整。如有需要，可以继续添加绳子制作卷结和拱门。

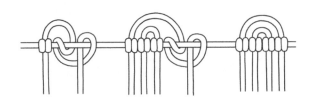

平结三角形（Triangles With Square Knots）

通过交替平结可以增加绳子数量，用于逐渐变宽的作品。比较经典的应用场景就是窗帘顶部，并将第1个平结固定在窗帘环上。使用编织垫板有助于打结整齐。

步骤1　将2根绳子对折，固定到编织垫板上，并编织1个平结（见4页）。在两侧分别添加1根对折的绳子，在第1个平结下方的两侧编织2个交替平结。

步骤2　在每侧分别再增加1根绳子，完成第3排交替平结。

步骤3　继续添加绳子，将图案扩展到所需的宽度。

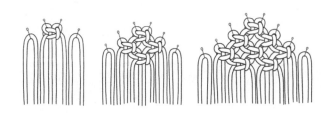

卷结三角形（Triangles With Clove Hitches）

使作品宽度逐渐扩大的另一种方法是使用卷结。这种技法常用于编织圣诞树。使用编织垫板有助于打结整齐。

步骤1 对折绳子，将绳子对折处固定到编织垫板上作为编织绳。接着将第1根填充绳放在2根编织绳上，固定到编织垫板上，并编织2个卷结。

步骤2 将第2根填充绳固定到编织垫板上。将上一根填充绳的两端也作为编织绳编织卷结。

步骤3 根据需要继续添加填充绳加宽作品。

扩展圆环（Expanding A Circle）

制作圆形图案时，例如圆形地毯或曼陀罗（mandala）图案时，随着图案从中间向外扩展，可能需要添加新的绳子。以下说明展示了使用平结添加绳子的巧妙方法。

步骤1 在圆环上制作2个平结，并在绳结之间添加2根对折的绳子。编织垫板有助于将绳子固定在原处。

步骤2 在一侧编织交替平结将新添加的绳子固定到图案中。

步骤3 将另一侧绳子也用交替平结编织在一起。继续在相邻平结之间添加绳子扩大圆环。

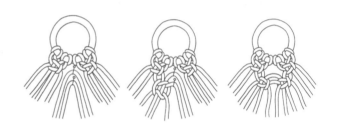

圆环（Circle）

如果不想使用金属环或木环，可利用下面的技法制作圆柱形作品，例如瑜伽垫收纳袋或罐子装饰袋，支撑绳的末端也可以无缝添加到作品中。

步骤1 用支撑绳制作1个绳环，并用反向雀头结将1根绳子固定到绳环的交叉点上。

步骤2 系紧绳结，调整支撑绳确定圆环的大小。用支撑绳两端在雀头结下编织1个平结。

步骤3 使用雀头结将其余的绳子固定到圆环上。

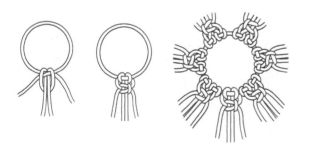

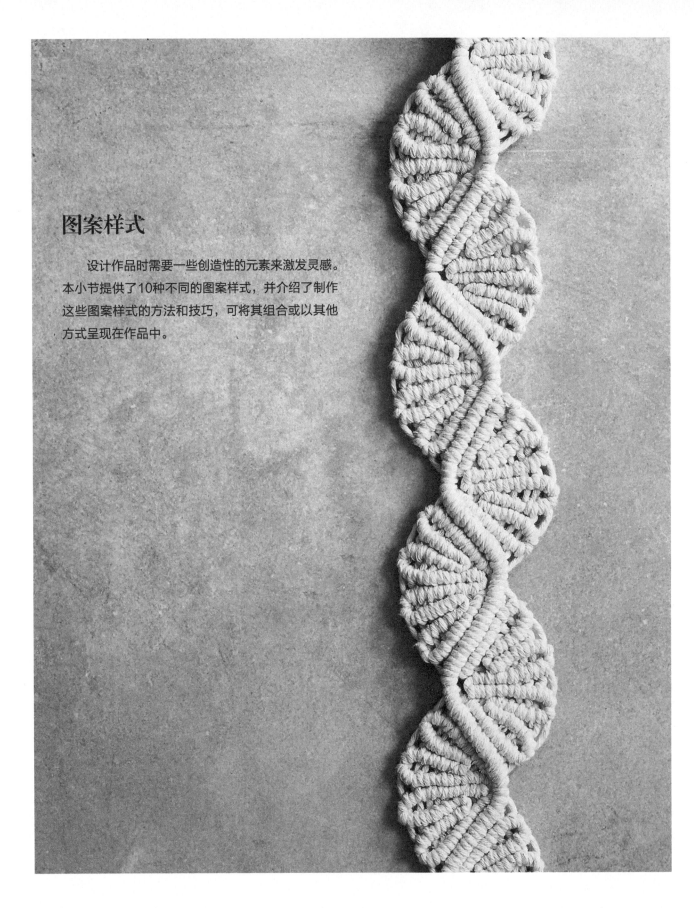

图案样式

　　设计作品时需要一些创造性的元素来激发灵感。本小节提供了10种不同的图案样式，并介绍了制作这些图案样式的方法和技巧，可将其组合或以其他方式呈现在作品中。

波浪

将这款复杂的图案添加在壁挂上，或者用来制作腰带，都是非常漂亮的。制作时最好使用2mm或3mm的细线，并借助编织垫板和珠针。

所用绳结
卷结→5页

准备工作
共需要10根绳子。其中1根用作整个图案的填充绳，需要比成品长约25%。其余9根编织绳长度约为成品长度的6~8倍，如果想将编织绳对折后连接到支撑杆上，则为成品的12~16倍。

步骤1
用珠针将所有绳子固定在编织垫板上。最左侧的绳子为填充绳，依次用右侧的绳子斜向下编织卷结，将填充绳移到最右侧。

步骤2
保留原始填充绳不动，将右侧第1根编织绳用作填充绳。向左编织8个卷结，并使最后2个卷结距上一排绳结稍

远。如图所示，将填充绳向右弯曲，与上一排绳结稍微隔开一点距离编织6个卷结，但最后2个卷结要位于上一排绳结的正下方。

步骤3
将填充绳向左弯曲，编织6个卷结，前4个紧贴在上排绳结的下方，最后2个稍微隔开一点距离。

步骤4
参照步骤图继续向右和向左编织卷结，完成第1个波浪。

步骤5
使用最右边的原始填充绳作为填充绳，在上一排绳结的正下方编织8个卷结，但最后2个绳结稍微隔开一点，使波浪的弧度更优美。

步骤6
保留原始填充绳不动，将左侧第1根编织绳用作填充绳，然后重复上述步骤。

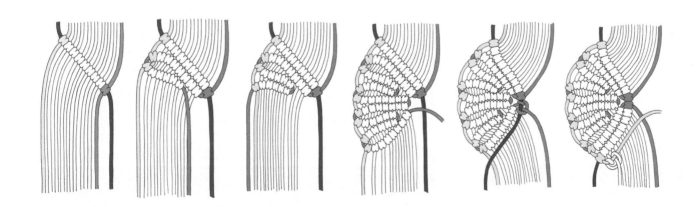

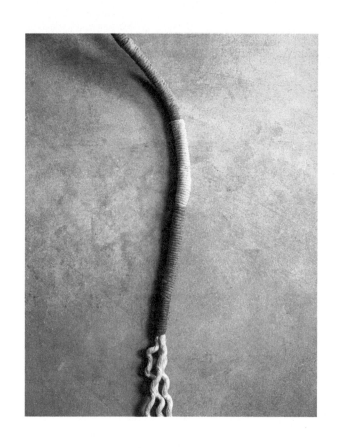

缠绕

　　一种美观又容易为作品增色的方法是将线缠绕在填充绳上。既可以缠绕某一部分，也可以缠绕整个部分，如62页的"阿什利壁挂"。使用的技法会根据缠绕用线的类型而有所不同。

细线

如果使用常规的细线，如用于缝制或钩编的线，则可能需要将线聚成多股以节省时间，因为单股线缠绕会非常耗时。缠绕时首先在填充绳上打一个反手结，然后将线缠绕在绳结的顶部将其隐藏。继续缠绕，直到需要的长度为止。在结尾处打一个反手结，然后用针将细线的末端隐藏到缠绕部分下。如果缠绕部分太紧，可使用镊子将针拔出。

棉绳

棉绳通常比针织线要粗，因此上面的技法可能不适用，否则缠绕部分的下方可以看到突出的绳结，并且完成缠绕后也无法使用针来隐藏绳端。这种情况下，最好使用缠绕结（见9页），而且更快。如果要包裹缠绕较长的绳子，应该连续编织多个缠绕结，因为如果绳结太长，完成的难度会很大。最后用镊子将绳端穿过绳环，隐藏在缠绕结下。

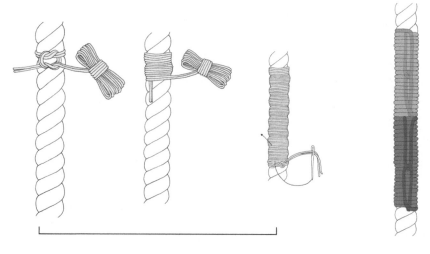

使用细线缠绕　　　　　　　　　　　　使用棉绳缠绕

褶皱平结

　　这种样式非常适合为作品添加不同的纹理，而且制作非常简单。通过向上推动交替的平结，就可以形成环状的褶皱。其中，交替平结之间的距离决定了花边环褶皱的大小。

所用绳结
平结→4页

准备工作
所需的绳子长度主要取决于作品长度，当然也取决于褶皱部分的长度，至少为成品长度的6倍。

步骤1
编织1排平结，间隔几厘米编织1排交替平结。2排平结之间的距离取决于想要的褶皱绳环的长度。

步骤2
向上推动第2排绳结形成绳环，同时确保绳环位于作品的正面。如果有绳环从作品背面延伸出来，需要将其调整到正面。

步骤3
重复上述步骤，直到达到所需的长度。

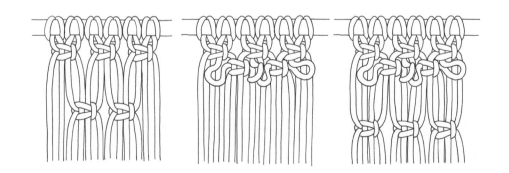

螺旋

　　螺旋样式是卷结众多应用样式中很立体美观的一种。在每排卷结之间稍微增加一些距离，就会自然形成螺旋状。

所用绳结
反向雀头结→3页
卷结→5页

准备工作
针对螺旋样式，无法准确给出需要的绳子长度和数量，因为这既取决于螺旋的扭曲程度，也取决于螺旋的宽度。至少为螺旋长度的7倍，再乘以2，加倍是因为制作时需要将绳子对折使用。可以先用一些废线尝试制作几行，初步感觉所需的绳长。

步骤1
取1根绳子对折，然后将其余的绳子用反向雀头结固定在绳子的一侧。绳子的另一侧用作填充绳，并在反向雀头结正下方编织1排卷结。如图所示，一定要在填充绳的弯折处预留1个小绳环，用于悬挂螺旋。

步骤2
用最左侧的绳子作为填充绳，斜向下编织第2排卷结。每排之间的距离越远，螺旋越扭曲。

步骤3
重复上述步骤，直到螺旋达到所需的长度，然后拉伸螺旋。

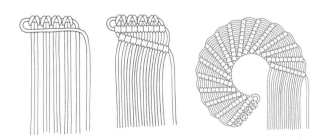

平螺旋

平螺旋用途较广，可用于制作杯垫、篮子底部或圆形壁挂等。制作方法并不复杂，难点在于预估所需的填充绳的长度。

所用绳结
反向雀头结→3页
卷结→5页

准备工作
绳子的长度取决于需要的圆的大小。可先准备1根填充绳和4根编织绳。由于很难预估所需填充绳的长度，可能需要在中途添加新的填充绳。4根编织绳的长度约为圆半径的6~7倍，然后对折。中途添加的新编织绳长度与周围已连接的绳子相同即可（已连接的绳子会随着编织逐渐变短）。

步骤1
用反向雀头结将3根编织绳固定在填充绳上，并使填充绳左端与编织绳对齐，而右端要更长。将填充绳两端弯曲交叉形成圆环，然后将第4根编织绳固定在填充绳两端的交点上。

步骤2
取填充绳较长的一端，逆时针编1圈卷结，同时将填充绳的另一端用作编织绳。

步骤3
继续编织新一圈的卷结，一旦卷结之间无法紧密排列，间隔太大时，就需要添加新的编织绳。根据已连接到螺旋上的编织绳长度的2倍裁剪新的编织绳，并用反向雀头结固定在填充绳上。然后继续编织卷结。

步骤4
如果填充绳耗尽，取1根新绳与旧绳末端重叠。编织2个卷结后，轻轻拉动新填充绳，将其末端隐藏到绳结下方。

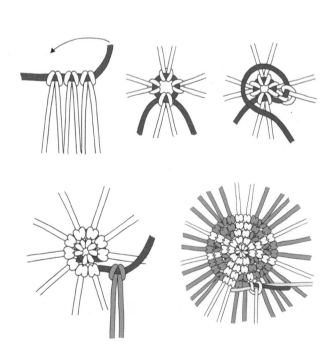

纺织纹

就技法和外观而言，编织（Macramé）和纺织（Weaving）是两种截然不同的纤维艺术。但将两者结合在一起时，便会为设计打开一个全新的世界，可以创造出非常独特的作品。

纺织通常是在纺织机上进行的，将经纱（竖向线）拉长并固定在纺织机上，再往上添加纬纱（横向线），经线与纬线不同的穿插方式会形成不同的纹样（纺织纹）。在编织中添加纺织纹时，是通过将上下绳结之间的经向绳看成经纱，再水平穿插类似于纬纱的纬向绳。下面将介绍5种最基本的样式及其制作技法，这些样式都非常适合在编织中使用。

平纹（Tabby Weave）

平纹也被称为虎斑纹，是最基本的纺织纹，是将纬纱在经纱上下依次穿梭，形成紧密交错的图案。使用平纹可创作出气泡纹、环圈等不同的图案样式。

基本平纹（Basic Tabby Weave）

步骤1
将纬向绳从左到右依次穿过经向绳的上下方。

步骤2
编织时先将纬向绳制作成弓形，避免拉得太紧。编完之后，将纬向绳拉平整。

步骤3
继续以上下交替的顺序将纬向绳从右向左穿过经向绳，完成第2行。

步骤4
重复上述步骤，直到完成纺织纹区域。

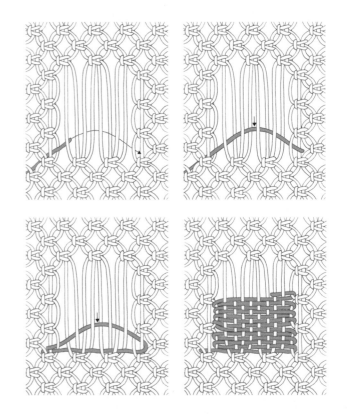

气泡纹（Bubbly Effect）

这种纺织纹最好采用较粗的绳子来编织，如美利奴羊毛粗纱。

步骤1

以平纹开头，但使纬向绳稍微拱起。一点点地向下压纬向绳，并使其向前穿过经向绳，形成明显的气泡形状。

步骤2

用较细的纬向绳在第1排平纹上方交替编2排平纹。

步骤3

轻轻地一点点地向下压较细的纬向绳，将气泡固定在适当的位置。

步骤4

弯折粗纬向绳重复上述步骤，但是始终要按照上下交替的顺序穿插。

环圈（Loops）

使用的支撑杆越粗，环圈越大。

步骤1

以平纹开头，纬向绳每向上穿过1根经向绳就拉出1个绳环，然后将绳环一个接一个套在支撑杆上。

步骤2

用较细的纬向绳在支撑杆上方交替编2排平纹。

步骤3

轻轻地拉出支撑杆，向下按压细纬向绳，将环圈固定在适当的位置。

步骤4

弯折纬向绳重复上述步骤，但是始终要按照上下交替的顺序穿插。

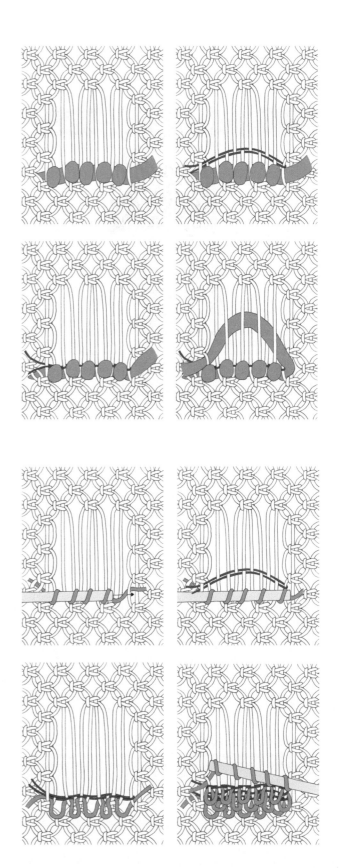

苏马克纹（Soumak Weave）

　　这种样式比平纹更具纹理感，当编织2排以上时非常类似绳辫。如果用厚实的粗绳编织，外观更加醒目，如82页的"松糕壁挂"。纬向绳越粗，步骤2中需要跳过的经向绳越多。

步骤1
将纬向绳的短端放在左侧第1根经向绳的下方。

步骤2
将纬向绳的长端缠绕在第2根经向绳上，然后依次向右缠绕每根经向绳，如果纬向绳较粗，则将其缠绕在几根经向绳上。

步骤3
重复步骤2直到尾端。

步骤4
弯折纬向绳，从右到左缠绕经向绳，直到完成纺织纹区域。

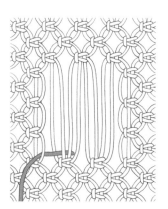

里亚结（Rya Knots）

里亚结可用于制作流苏，也可以为作品添加绳子用于其他绳结的编织。

步骤1
取1根或多根绳子，水平放置在经向绳前。

步骤2
绳子两端向后弯折，并从经向绳中间穿出。

步骤3
轻轻拉动绳子两端收紧里亚结。

步骤4
还可以在卷结组成的菱形内部制作里亚结，为作品增加美丽的细节。

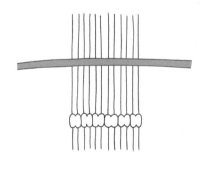 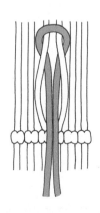 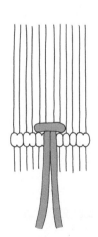 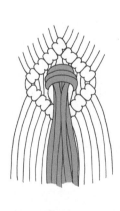

植物染色

过去很长一段时间，我坚持不懈地尝试用植物或蔬菜对绳子进行染色。事实证明，尝试是值得的。植物染色过程不仅比我想象得要容易，而且得到的结果也非常令人惊喜。当然，这中间的确会花费大量的时间和精力，不过当你计算好绳子的长度，剪断绳子，进行浸染后，无论最后呈现的染色效果如何，你的作品都是独一无二的，所以不要害怕尝试。

虽然使用的原材料千差万别，但染色的过程基本相同。一些天然染料需要媒染剂才能将染料结合到纤维上，不过如果绳子数量不是很多，则无需多虑。请确保使用专门的染色耗材，并在染色过程中保持良好的通风。虽然植物性或天然染剂不涉及有害的化学物质，但一旦染料达到一定浓度，仍需要良好的通风。下面介绍三种不同原材料的染色工艺，希望大家也能进行尝试。

牛油果染色

你喜欢牛油果吗？如果看到牛油果染色的效果之后，相信你会爱上它们的。牛油果的果皮和果核都可以将棉绳染成美丽的脏粉色。可尝试将果皮和果核分开使用，当仅使用果皮或仅使用果核时，可以看到微妙的色差。牛油果果皮中含有单宁，单宁可充当媒染剂将染料与棉纤维结合在一起。牛油果染料可放入冰箱或干燥保存。

步骤1
将牛油果果皮和果核上的所有绿色果肉冲洗干净。不需要很多牛油果来提取颜色，3~5个即可，除非有许多大型作品需要染色，则可能需要增加数量。

步骤2
将果皮和果核放入不锈钢锅中，倒入一半水。至少煮沸1~2小时，并定时检查，观察颜色是否加深，如有需要，可让染料过夜。

步骤3
将绳子浸入染料中，揉搓绳子有助于更好地吸收。

步骤4
去除染料中的果皮和果核，再次加热染料，并确保染料不沸腾。检查绳子的染色情况，染色合适时将绳子从锅中取出。

步骤5
待绳子冷却后，用冷水轻轻冲洗绳子，直到清洗干净为止，并让绳子垂下来自然晾干。

右页中的绳子从左到右染色材料分别为：紫甘蓝＋苏打粉、紫甘蓝、牛油果、黄洋葱、姜黄、紫甘蓝＋苏打粉＋姜黄。

45

洋葱染色

洋葱是大家熟悉的食材,当我得知黄洋葱皮可以将绳子染成美丽的黄色时,我非常兴奋!洋葱皮中含有单宁,可起到媒染剂的作用,因此染色时无需添加其他物质。

步骤1
剥取洋葱皮提取颜色,而且使用的次数越多浸泡的时间越久,颜色就会越深。我使用约10个洋葱,如果打算对许多大型作品进行染色,则可能需要增加洋葱数量。

步骤2
撕下洋葱皮,放入不锈钢锅中,倒入约洋葱体积3倍的水。

步骤3
慢炖(不沸腾)至少1小时,定时检查,观察颜色是否加深。

步骤4
将绳子浸入染料中,揉搓绳子有助于更好地吸收。

步骤5
去除染料中的洋葱皮,再次加热染料,并确保染料不沸腾。检查绳子的染色情况,染色合适时将绳子从锅中取出。

步骤6
待绳子冷却后,用冷水轻轻冲洗绳子,直到清洗干净为止,并让绳子垂下来自然晾干。

紫甘蓝染色

紫甘蓝的染色过程非常有趣,紫甘蓝染料会根据pH值变化变成不同的颜色。只需几滴醋或柠檬汁,染料就会迅速变红;加入一点小苏打(碳酸氢钠),染料又会变成蓝色。因此可以用相同的染料将绳子分别染成粉红色、紫色和蓝色。用紫甘蓝染色时,需要媒染剂才能将颜色固定到绳子上,我通常使用盐作为天然固色剂。

步骤1
需要约半个紫甘蓝提取颜色,而且使用的次数越多,浸泡的时间越久,颜色就会越深。紫甘蓝切丁放入不锈钢锅中,装满水,并添加约4汤匙盐,盐将作为染料的天然固色剂。

步骤2
慢炖(不沸腾)至少1~2小时。定时检查,观察颜色是否加深。紫甘蓝本身为紫色,如果要改变颜色,就需要调整pH值。想得到粉红色可以加醋或柠檬汁,想得到蓝色可以添加小苏打(碳酸氢钠)。每次添加少许并搅拌,直到颜色满意为止。

步骤3
将绳子浸入染料中,揉搓绳子有助于更好地吸收。除去紫甘蓝残渣,再次加热染料,并确保染料不沸腾。

步骤4
检查绳子的染色情况,染色合适时将绳子从锅中取出。待绳子冷却后,用冷水轻轻冲洗绳子,直到清洗干净为止,并让绳子垂下来自然晾干。

第3章

作 品

开始学习一门新手艺时，人的思维和创造力不能很快地打开。绳结是编织的关键，学习初期你仅限于对绳结的理解。随着掌握的技法越多越熟练，对自己的技能越有信心，创造力和想象力也会越丰富，也就越能理解绳编的无限可能性。

本章整理了20个绳编作品，尽可能为大家提供应用不同技法的不同类型的项目。这些作品难易程度不同，有的可能会有一定的挑战性，比如窗帘、床幔、连衣裙等。

希望大家能够完成这些作品，并发挥自己的创造力，重新设计，赋予它们独属于你的风格。可以使用其他材料、颜色组合，或者仅仅是绳子长度不同，作品即可完全不同。大胆去尝试绳编的无限可能性吧。

埃斯佩兰萨盆栽吊篮

上一本书《绳编：手工编织波西米亚风家居饰物》中我们学习了好几款盆栽吊篮。除了已有的这些设计，是否还能创造出新形式？埃斯佩兰萨盆栽吊篮或许能激发我们新的灵感。这款设计展示了当使用多种颜色时，如何用卷结创造赏心悦目的图案。尝试不同颜色、不同数量的绳子，改变卷结的组合方式，盆栽吊篮仍然可以激发我们的创造力。

绳结
平结→4页
卷结→5页
缠绕结→9页

材料
三股棉绳（长18m，直径4mm），白色
三股棉绳（长15m，直径4mm），3根，分别为粉色、绿色、黄色

准备工作
事先将棉绳剪成以下数量和尺寸：
白色棉绳3根，每根长5m；
粉色棉绳3根，每根长5m；
绿色棉绳3根，每根长5m；
黄色棉绳3根，每根长5m；
白色棉绳2根，每根长1.5m。

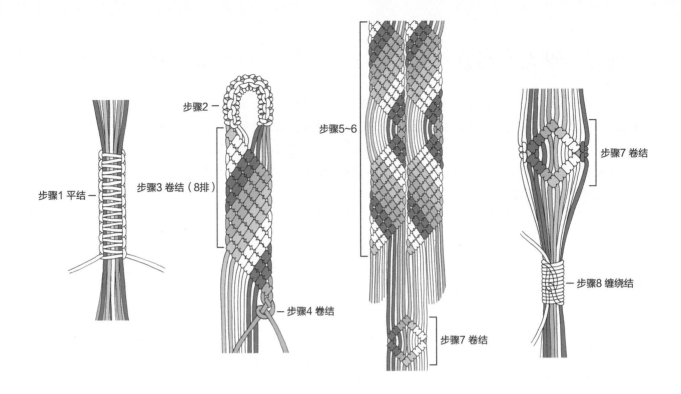

步骤1 平结
步骤2
步骤3 卷结（8排）
步骤4 卷结
步骤5~6
步骤7 卷结
步骤7 卷结
步骤8 缠绕结

步骤1

将所有5m长的绳子对齐。取1根1.5m长的绳子在所有5m长的绳子的中间，编织10个平结并系紧。检查平结是否位于长绳的中间，通过来回推动绳结使两端等长。用镊子或钩针将平结绳的末端隐藏到平结下。

步骤2

对折绳子形成绳环，将绳子分成3组，每组8根，每种颜色2根。

步骤3

相同颜色的绳子彼此相邻放置。最左侧的绳子作为填充绳，从左向右斜向下编织卷结，共编织8排，每排7个卷结。

步骤4

编好8排后，将填充绳弯曲到左侧，从右向左斜向下编织8排卷结。

步骤5

重复步骤3~4，最终共编织 4部分卷结，每部分8排。

步骤6

其他两组重复步骤3~5。所有组中尽量以相同的顺序排列颜色，确保图案一致。

步骤7

距卷结约6cm处编织菱形图案。从其中1组取出4根绳子，再从旁边1组取出4根绳子，用卷结编织菱形图案。重复制作2个菱形图案。

步骤8

制作网兜的收尾工作。取剩余的1.5m长的绳子，在菱形图案下方约6cm的地方打1个缠绕结，将所有绳子收纳到一起。

步骤9

修剪绳子末端，并拆解绳子制作成流苏。

王冠盆栽吊篮

　　我很喜欢植物，作为一名绳编艺术家，我的家里挂满了植物盆栽吊篮。最近我开始制作更复杂的盆栽吊篮，这也激发了我对新图案样式的兴趣。我设计出这款王冠盆栽吊篮，也献给希望制作出更高级样式的人们。王冠盆栽吊篮得名于吊篮顶部的装饰形似王冠，非常华丽，任何植物都会因悬挂在这个吊篮上而更加引人注目。

绳结

缠绕结→9页

卷结→5页

浆果结→9页

平结→4页

土耳其头结→16页

材料

棉绳（长96m，直径3mm）

金属环（直径约12cm）

金属环（可选，直径5~6cm）

准备工作

事先将棉绳剪成以下数量和尺寸：

15根，每根长5.8m；

1根，长6.2m；

1根，长1.5m；

1根，长0.7m。

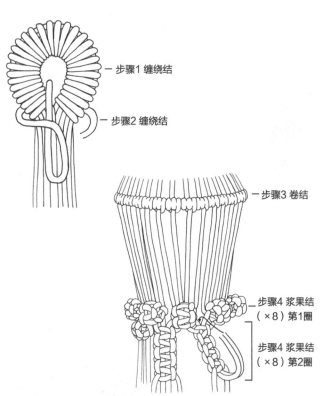

步骤1 缠绕结
步骤2 缠绕结

步骤3 卷结

步骤4 浆果结
（×8）第1圈

步骤4 浆果结
（×8）第2圈

步骤1

将所有5.8m长的绳子对齐，添加6.2m长的绳子，与5.8m长的绳子的一端对齐。取1.5m长的绳子，在16根绳子的中间系一个10cm长的缠绕结。通过来回推动绳结，确保缠绕结位于长绳的中间。剪短绳子，并将绳子末端隐藏在缠绕结下。

步骤2

弯曲缠绕结，形成绳环。取0.7m长的绳子，在所有的绳子上系一个2~2.5cm长的缠绕结。剪短绳子，并将绳子隐藏在缠绕结下。

步骤3

把步骤2的绳子穿入直径较大的金属环，在距缠绕结约10cm的地方开始编织卷结，将环当作"填充绳"。如果绳结无法完全覆盖金属环，可以用每根绳子再系半个卷结。

步骤4

所有绳子都连接到金属环上后，在环下10cm处编织1圈共8个浆果结。然后交换编织绳和填充绳，再编织1圈共8个浆果结。

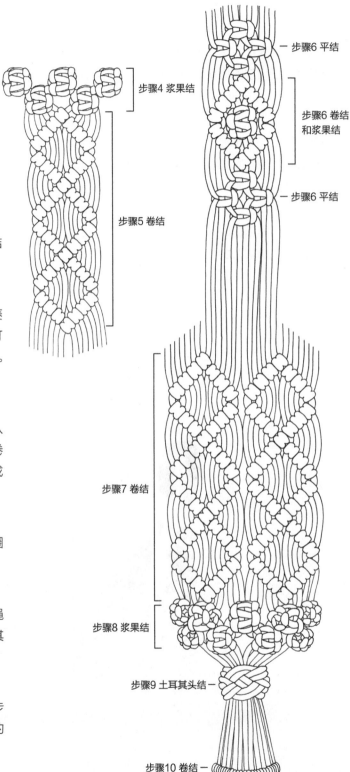

步骤5

将绳子分成4组，每组8根。从其中1组开始，用卷结连续制作3个菱形。另外3组重复此步骤。

步骤6

在距卷结13~14cm处，编织1个由4个平结组成的菱形。继续用卷结制作菱形，收尾之前要在菱形中间打1个浆果结。然后再编织1个由4个平结组成的菱形。另外3组重复此步骤。

步骤7

在距平结菱形约7cm处开始制作第1个卷结菱形。从其中1组取4根绳子，从相邻的1组取4根绳子，用卷结连续制作3个菱形。对其他绳子重复此操作，形成盆栽吊篮的网兜。

步骤8

在卷结的下方编织1圈共8个浆果结，然后再编织1圈交替的浆果结。

步骤9

在浆果结下2~3cm处制作土耳其头结。取最长的绳子在其他绳子上打1个土耳其头结。如果觉得土耳其头结比较复杂，可以用缠绕结代替。

步骤10

如果想增加收尾处的美感，可以选择较小的环，如步骤3所示，用卷结将绳子固定到环上。无需将所有的绳子都系在环上，有的绳子可以自由地悬垂在中间。

步骤11

修剪绳端，完成盆栽吊篮。

马里索尔盆栽吊篮

盆栽吊篮经常被悬挂在窗户上，这意味着它们的大小将受限于窗户的高度。如果窗户较小，那么将无法悬挂那些引人注目的大型盆栽吊篮。我更喜欢将盆栽吊篮悬挂在天花板上，大型盆栽吊篮的底部几乎可以触到地板。对我来说，植物和挂植物所用的盆栽吊篮一样重要，马里索尔盆栽吊篮的长度接近2m，能为植物提供充足的生长空间。这款设计没有网兜来固定花盆，而是将花盆放在了平行绳子之间的空间里。因此把花盆放入里面的时候必须格外小心，但是任何大小的花盆都可以收纳其中！

绳结

缠绕结→9页

土耳其头结→16页

平结→4页

卷结→5页

浆果结→9页

交替平结→4页

材料

单股棉绳（长112m，直径5mm）

4种不同颜色的棉绳（每种长1m，直径4mm）

三股棉绳（长1.7m，直径6mm）

小贴士

• 4种不同颜色的绳子将用于绳环中的缠绕结，可以使用任何剩余的绳子。绳子的类型和粗细不太重要。

• 如果想将这款设计变成一个单件盆栽吊篮，则以5m的长度裁剪16根单股棉绳。

• 在这款盆栽吊篮中，使用三股棉绳制作缠绕结和土耳其头结，与盆栽吊篮中的单股棉绳形成了质感对比，但是也可以使用手头上的任意一种绳子。

准备工作

事先将棉绳剪成以下数量和尺寸：

单股棉绳8根，每根长8m；

单股棉绳8根，每根长6m；

不同颜色的棉绳4根，每根长1m；

三股棉绳1根，长1.7m。

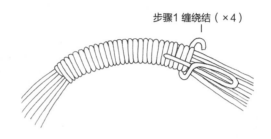

步骤1 缠绕结（×4）

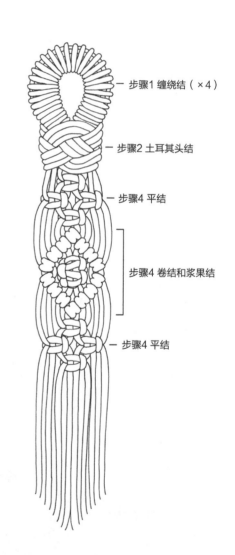

步骤1 缠绕结（×4）

步骤2 土耳其头结

步骤4 平结

步骤4 卷结和浆果结

步骤4 平结

步骤1

将8根8m长的绳子与8根6m长的绳子的中点对齐。用4根1m长的不同颜色的绳子在16根绳子中间编织4个连续的缠绕结。确保缠绕结位于长绳的中间，并尽可能剪短缠绕结的绳子末端。

步骤2

弯曲缠绕结，形成绳环。用1.7m长的绳子，在所有绳子上打三重土耳其头结，把绳子末端隐藏在绳结下。

步骤3

将绳子分为4组，每组4根短绳和4根长绳，并按以下顺序排列绳子：短、长、长、短、短、长、长、短。

步骤4

编织1个由4个平结组成的菱形。接着用卷结制作菱形，收尾之前在菱形中间打1个浆果结。然后再编织1个由4个平结组成的菱形。

步骤5

在距平结菱形约11cm处重复步骤4。然后在距平结菱形约11cm处再次重复步骤4。共制作3组组合样式。

步骤6

另外3组重复步骤4和步骤5，确保绳子排列顺序正确，并且每组之间的绳结都准确对齐。

步骤7

在平结菱形下方约4cm处系1圈共8个平结，然后再系2圈交替平结。

步骤8

再次将绳子分为4组。如图所示，与步骤3的分组形成交替。

步骤9

在距交替平结约11cm处重复步骤4，然后在距平结菱形约11cm处再次重复步骤4。另外3组重复此步骤。

步骤10

在最后一个平结菱形下方约7cm处系1圈共8个平结。然后再系2圈交替平结。

步骤11

修剪绳端，完成盆栽吊篮。

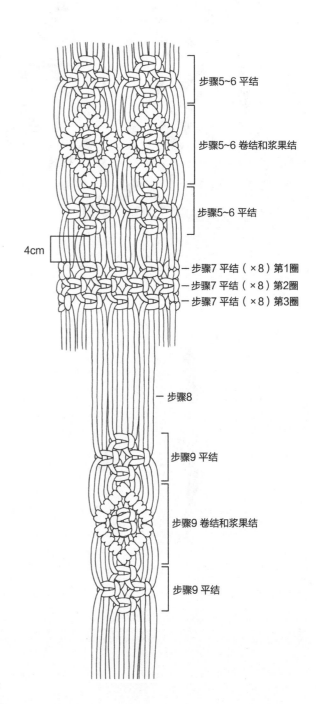

步骤5~6 平结

步骤5~6 卷结和浆果结

步骤5~6 平结

4cm

步骤7 平结（×8）第1圈
步骤7 平结（×8）第2圈
步骤7 平结（×8）第3圈

步骤8

步骤9 平结

步骤9 卷结和浆果结

步骤9 平结

阿什利壁挂

　　设计这款美丽的壁挂是向《阿什利的绳结书》致敬。壁挂的样式基于书中的 #2329绳结，因此我将其命名为"阿什利壁挂"。壁挂中的绳结可以是双重、三重或是如案例中的四重，此外还可以用线缠绕绳子，从而设计成不同的造型。在这里想象力是唯一的限制！

绳结
缠绕结→9页
阿什利绳结#2329→17页
8字结→10页
同心结→10页

技巧
缠绕→36页

材料
三股棉绳（长22m，直径10mm）
不同颜色的单股棉绳（长200~250m，直径3mm）
1根细金属丝

小贴士
• 这款壁挂使用了缠绕技术（见36页）。3mm粗的棉绳可以更快地缠绕，并使用缠绕结隐藏绳端，每种颜色只缠绕一小段。如果使用较细的纱线，则一次可以缠绕更长的长度，并在纱线的两端都打结。
• 如果不能兼顾这么多数量的绳子，可尝试将多根绳子捆绑成一根一起使用。
• 既可以选择更细的绳子使壁挂更小，也可以将绳结制作成五重或六重使壁挂更大。

准备工作
将10mm粗的三股棉绳裁剪成4根5.5m长的绳子，并用胶带缠绕绳子的末端，避免磨损。
选择缠绕线的颜色。我使用了6种不同的颜色：白色、灰色、浅绿色、深绿色、粉红色和黄色。

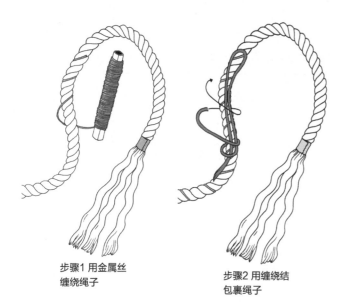

步骤1 用金属丝
缠绕绳子

步骤2 用缠绕结
包裹绳子

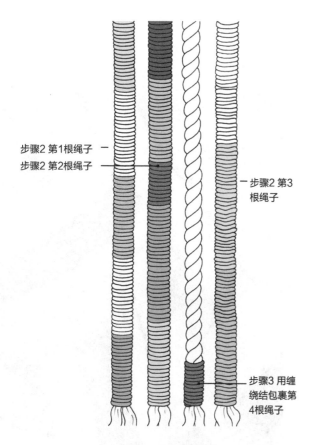

步骤2 第1根绳子
步骤2 第2根绳子

步骤2 第3
根绳子

步骤3 用缠
绕结包裹第
4根绳子

步骤1

在10mm粗的绳子的两端约25cm处缠绕胶带。将金属丝缠绕在1根、2根或3根绳子上。这里只用金属丝缠绕了1根绳子，如果多缠绕几根，壁挂会更大。从距离绳端约50cm处开始缠绕金属丝，直到距离另一端约50cm处结束。

步骤2

用彩色绳子缠绕3根10mm粗的绳子，并在距离绳子两端约25cm处停止缠绕，得到漂亮的流苏末端。全程使用缠绕结包裹绳子。

如果用3mm粗的棉绳作为缠绕线缠绕10mm粗的绳子，制作10cm长的缠绕结大约需要1.4m长的缠绕线。可以使用不同长度的缠绕线，使绳子着色不均匀，使设计更加有趣。3根完全被缠绕的绳子使用的颜色组合如下。

绳子1：白色、灰色、白色、粉红色、白色、浅绿色，循环。

绳子2：6种颜色随机排列，每种颜色的长度不同。

绳子3：白色、灰色、粉红色，循环。

步骤3

在第4根绳子上距离绳子两端25cm处缠绕4cm长的缠绕结，防止绳子磨损。

步骤4

用绳子1编织1个大而松的阿什利绳结 # 2329。然后一根根添加其他绳子，直到4根绳子对齐并在一起，形成1个大绳结。过程中可能需要一段时间来调整绳结和绳子的位置。

步骤5

现在绳结下有8根绳子垂下来。用第1根绳子系一个8字结，用第8根绳子再系一个8字结。2个8字结既可以完全对称，也可以放置在不同的高度。

步骤6

在主绳结下方用第4根和第5根绳子编1个同心结。

步骤7

去除绳子末端的胶带。解开并梳理绳子末端，形成流苏，根据需要修剪绳端。

步骤8

为了将阿什利壁挂牢固地安装在墙上，可在其背面添加1根结实的绳子。不存在正确与否，通过在4根绳子之间系一个简单的绳结将其两端固定。如果完成后仍无法固定，可以用针和线将它们缝在一起。将针穿过每根绳子，必要时使用镊子辅助。

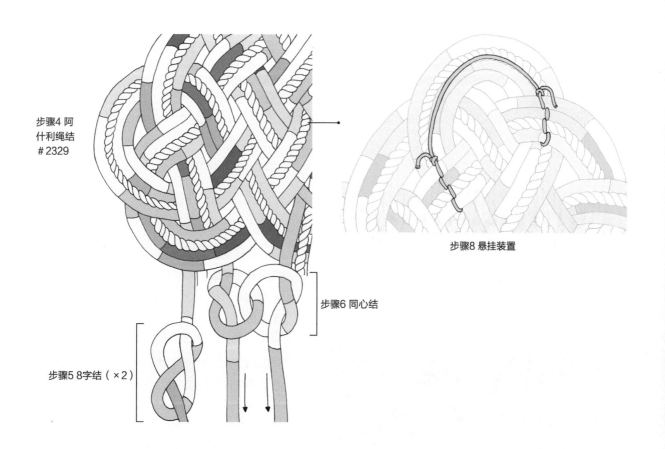

步骤4 阿什利绳结 # 2329

步骤6 同心结

步骤5 8字结（×2）

步骤8 悬挂装置

莫妮克壁挂

　　房间的装饰物除了颜色、形状外，肌理也十分重要。本书中，肌理是指那些具有特别触感的材料，可能会使人产生想要伸出手触摸感受它们的想法。从字面意义上看，肌理是让房间变得更有质感的细节。尤其是有肌理的纺织品，可以为房间增加温暖和舒适感，复古的室内装饰风格便充分利用了这种特质。墙上悬挂的白色浮木和褶皱边壁挂最能体现这种复古的感觉。很多人包括我，看到这种挂饰都会情不自禁地伸出手，来回拨弄那些蓬松的褶皱和柔软的边缘。

绳结
反向雀头结→3页
平结→4页
卷结→5页

图案样式
褶皱平结→37页
里亚结→43页

材料
浮木树枝（长约52cm）
白色油漆和刷子（可选）
三股棉绳（长160m，直径2.5mm）
单股棉绳（长88m，直径3mm）

准备工作
事先将棉绳剪成以下数量和尺寸：
三股棉绳40根，每根长4m；
单股棉绳82根，每根长0.7m；
单股棉绳60根，每根长0.5m。

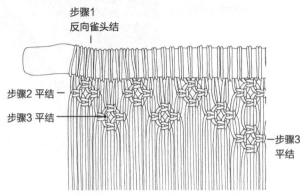

步骤1
反向雀头结

步骤2 平结
步骤3 平结

一步骤3
平结

步骤2~3 平结

步骤4 褶皱平
结（16排）

步骤5 卷结（大菱形）一

步骤5 卷结和平
结（中、小菱形）

步骤1
打磨浮木，然后薄薄地涂上一层白色油漆。等油漆干燥后，用反向雀头结将40根4m长的绳子绑到浮木上。

步骤2
制作1排共7个菱形，每个菱形由4个平结组成，每个菱形之间跳过4根绳子。

步骤3
第2排交替制作6个平结菱形。然后在第2排菱形中间的下方再制作1个平结菱形。

步骤4
接下来交替编织褶皱平结。平结之间间距5~6cm，向上推动平结形成褶皱。前3排从左到右完全编织，然后按照图示逐渐减少中间的绳结数量，形成留白区域。

步骤5
编织完16排之后，用卷结制作大菱形的上半部分。在距大菱形下方约6cm的位置，用卷结制作中菱形的上半部分。在距中菱形下方4.5cm的位置，制作1个由4个平结组成的小菱形。然后完成中菱形的下半部分，最后完成大菱形的下半部分，并确保下半部分与上半部分角度相同。

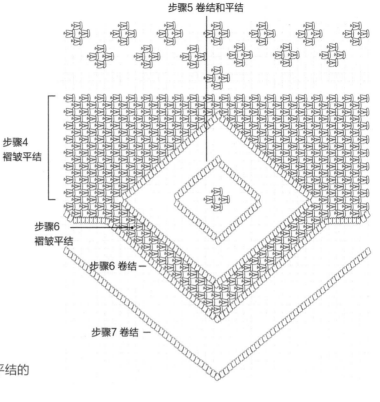

步骤5 卷结和平结

步骤4
褶皱平结

步骤6
褶皱平结

步骤6 卷结

步骤7 卷结

步骤6

如图所示，完成褶皱平结的编织。然后在褶皱平结的
正下方再编1排卷结。

步骤7

在距上排卷结约7cm的地方用卷结制作1个V字形。

步骤8

将0.7m长的棉绳对折，然后从中间向边缘用双重里
亚结将其固定在卷结上方，共制作39个双重里亚结。
每一侧边缘将留下1根未被里亚结覆盖的绳子。尝试
用剩余的4根0.7m长的绳子在每侧系1个双重里亚结
来遮盖它们。

步骤9

对折0.5m长的绳子，两根一组固定在第1排里亚结的
上方，每侧各制作15个双重里亚结。

步骤10

根据需要修剪绳子末端，完成壁挂。

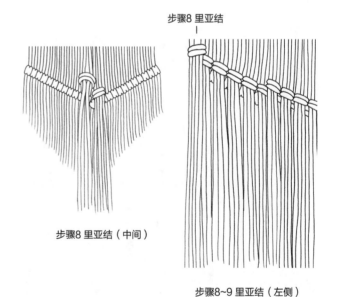

步骤8 里亚结

步骤8 里亚结（中间）

步骤8~9 里亚结（左侧）

金色麦田壁挂

　　尽管这款壁挂看上去非常大（实际尺寸为高120cm，宽70cm），但完成它不会花费很长时间。另一个关于这款壁挂的优势是，壁挂完成后会呈现出非常柔软和蓬松的感觉。

绳结
反向雀头结→3页
右向半平结→3页
左向半平结→3页
卷结→5页

图案样式
里亚结→43页

材料
单股棉绳（长约200m，直径8mm）
木棍（长1m）

小贴士
• 想要为此设计添加个性，可将里亚结流苏染成对比色甚至深色（见44页）。

准备工作
事先将棉绳剪成以下数量和尺寸：
11根，每根长3m；
14根，每根长4m；
4根，每根长2.5m；
2根，每根长1.7m；
12根，每根长1.4m；
16根，每根长1.2m；
20根，每根长1m；
24根，每根长0.8m；
20根，每根长0.6m。

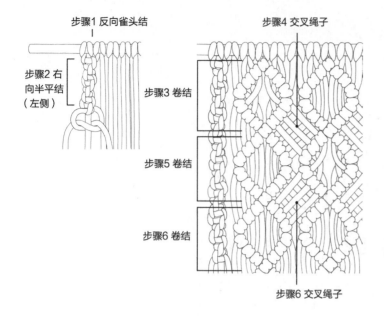

步骤1 反向雀头结

步骤4 交叉绳子

步骤2 右向半平结（左侧）

步骤3 卷结

步骤5 卷结

步骤6 卷结

步骤6 交叉绳子

步骤3~6 卷结

步骤7 卷结

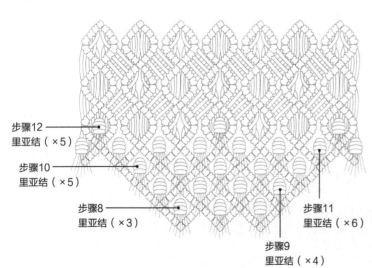

步骤12 里亚结（×5）

步骤10 里亚结（×5）

步骤8 里亚结（×3）

步骤9 里亚结（×4）

步骤11 里亚结（×6）

步骤1

从中间开始，按以下顺序将绳子以反向雀头结绑到木棍上：最中间为1根3m长的绳子，第1根绳子两侧分别为3根4m长的绳子，1根3m长的绳子，3根4m长的绳子，4根3m长的绳子，1根4m长的绳子，2根2.5m长的绳子。最后，在两侧分别连接1根1.7m长的绳子，将1.7m的绳子调整为一段长1.2m，一段长0.5m，并将1.2m长的一段分别置于边缘两侧。

步骤2

使用半平结将两侧的绳子制作成2段螺旋，并用0.5m长的短绳作为每个螺旋中的填充绳。用右向半平结编织左侧的螺旋，用左向半平结编织右侧的螺旋，螺旋长20~25cm。

步骤3

用卷结编织1排共7个菱形，每个菱形由8根绳子组成。如图所示，将4个奇数编号的菱形下半部分的编织绳调换顺序。

步骤4

第1排菱形完成后，如图所示将菱形之间的6根编织绳彼此交叉。

步骤5

编织下一排的7个菱形，并将3个偶数编号的菱形下半部分的编织绳调换顺序。

步骤6

重复步骤4交叉绳子，然后编织7个菱形，并将第3个和第5个菱形下半部分的编织绳调换顺序。

步骤7

主要图案的其余部分基本上是由卷结组成的菱形。请根据图示正确地编织出菱形部分。

步骤8

将1.4m长的绳子分成3组，每组4根，用四重里亚结连接到最后一排的3个菱形中间。

步骤9

将1.2m长的绳子分成4组，每组4根，用四重里亚结连接到倒数第2排的4个菱形中间。

步骤10

将1m长的绳子分成5组，每组4根，用四重里亚结连接到倒数第3排的5个菱形中间。

步骤11

将0.8m长的绳子分成6组，每组4根，用四重里亚结连接到倒数第4排中间的6个菱形中。

步骤12

将0.6m长的绳子分成5组，每组4根。将其中2组用四重里亚结连接到倒数第4排两侧的2个菱形中间。然后将剩下的3组用四重里亚结连接到第3排的第1个、第4个和第7个菱形中间。

步骤13

修整壁挂的流苏和背面边缘，完成作品。

蕾丝花边壁挂

　　第一次听说牛油果的果皮和果核能够将织物染成柔和的脏粉色时，感觉就像听到某种神奇的魔法。我花了很长时间才终于下定决心自己尝试利用牛油果对棉绳进行染色。这个壁挂就使用了我染色的第一批绳子。这款壁挂的设计核心是利用蕾丝编织和脏粉色的流苏，营造出一种女性化的梦幻感和浪漫感。建议在开始制作这款壁挂之前，复习一下44页关于"植物染色"的部分。

绳结
反向雀头结→3页
右向平结→4页
左向平结→4页
平结→4页
卷结→5页

技法
牛油果染色→44页
双雀头结→31页

材料
单股棉绳（长145m，直径3mm）
单股棉绳（长约344m，直径5mm）
粗树枝（长1.25m）
牛油果的果皮和果核（用于染色，可选）

小贴士
• 制作这款壁挂需要裁剪许多不同长度的绳子，然后以特定的长度进行折叠。将卷尺悬挂在工作台旁边，就能够拿起折叠的绳子快速测量，不必同时握住卷尺和绳子，也不必将绳子放在地板上。
• 当裁剪好绳子时，可以顺便标记出绳子的尺寸以及所属的蕾丝花边，这将对后续的编织有所帮助，无需再次测量。
• 为了使蕾丝花边略微弯曲，制作时要使外边缘比内边缘稍长。

准备工作

整个壁挂可分为3个V字形部分：中间1个大V，两侧2个小V。

中间的大V需要5条蕾丝花边，事先将棉绳剪成以下数量和尺寸：

蕾丝花边1（从上往下进行排序）

6根3mm粗的棉绳，每根长3m

2根3mm粗的棉绳，每根长2.5m

蕾丝花边2

4根5mm粗的棉绳，每根长3.2m

2根5mm粗的棉绳，每根长3.4m

2根5mm粗的棉绳，每根长2.5m

2根5mm粗的棉绳，每根长3m

蕾丝花边3

4根5mm粗的棉绳，每根长3.3m

2根5mm粗的棉绳，每根长3.6m

4根5mm粗的棉绳，每根长4.4m

2根5mm粗的棉绳，每根长2.7m

蕾丝花边4

4根5mm粗的棉绳，每根长5m

2根5mm粗的棉绳，每根长3.6m

蕾丝花边5

4根5mm粗的棉绳，每根长6m

4根5mm粗的棉绳，每根长4.4m

两侧的小V各需要2条蕾丝花边，事先将棉绳剪成以下数量和尺寸：

蕾丝花边1

16根3mm粗的棉绳，每根长2.5m

蕾丝花边2

4根5mm粗的棉绳，每根长4m

4根5mm粗的棉绳，每根长3.2m

4根5mm粗的棉绳，每根长2.8m

4根5mm粗的棉绳，每根长3.8m

中间大V（第4个和第5个蕾丝花边）下的流苏使用5mm粗的绳子，两侧小V（第2个蕾丝花边）下的流苏使用3mm粗的绳子。事先将棉绳剪成以下数量和尺寸：

中间的大V的流苏

120根5mm粗的棉绳，每根长1.2m

1根5mm粗的棉绳，长1.4m

两侧的小V的流苏

100根3mm粗的棉绳，每根长0.8m

2根3mm粗的棉绳，每根长1m

如果要对流苏进行染色，请事先准备好染料。将0.8m长的绳子（3mm粗），60根1.2m长的绳子（5mm粗），以及1.4m长的绳子进行染色。

蕾丝花边1（左侧），
右向平结组成的菱形

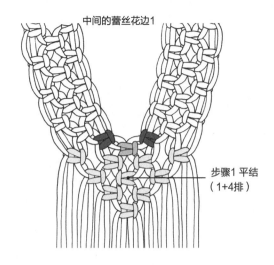

中间的蕾丝花边1

步骤1 平结
（1+4排）

步骤1

制作大V上的蕾丝花边1。将所有3mm粗的绳子分成2
组，从中间向两侧分别按以下顺序用反向雀头结将绳
子固定在树枝两侧，间距约20cm：1根3m长的绳子，
折叠后一段长1.75m，一段长1.25m；2根3m长的
绳子从中间对折；1根2.5m长的绳子，折叠后一段长
1m，一段长1.5m。

制作第1个蕾丝花边，左侧使用右向平结，右侧使用左
向平结，在两侧编织26排交替平结。然后在中间打1
个平结，将两侧的绳子连接起来。最后编织4排交替平
结，如图所示，形成一个倒三角形。

步骤2

制作大V上的蕾丝花边2。蕾丝花边2使用的是5mm的
绳子，将其分为2组，从中间向两侧分别按以下顺序
用反向雀头结将绳子固定在第1个蕾丝花边两侧：1根
3.2m长的绳子对折；1根3.4m长的绳子，折叠后一段
长1.8m，一段长1.6m；1根2.5m长的绳子对折；1根
3.2m长的绳子对折；1根3m长的绳子对折。

制作第2个蕾丝花边，在两侧用卷结连续制作4个菱形，
并在菱形内部打平结，左侧是右向平结，右侧是左向
平结。然后两侧各编一半第5个菱形。最后用中间的2
根填充绳和两侧各5根编织绳在中间制作1个大菱形，
将两侧的绳子连接起来，并在菱形内部打平结。

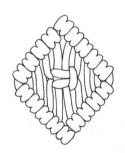

蕾丝花边2（左侧），
卷结和右向平结组成
的菱形

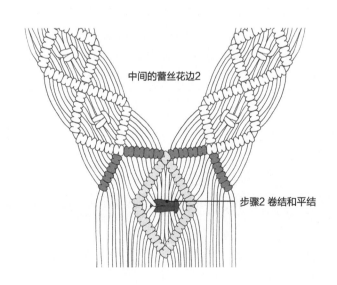

中间的蕾丝花边2

步骤2 卷结和平结

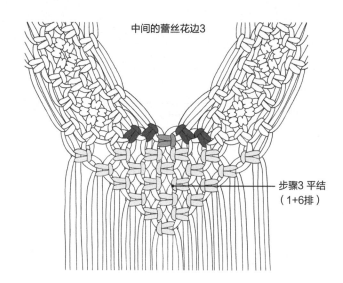

中间的蕾丝花边3

步骤3 平结（1+6排）

蕾丝花边3（左侧），平结组成的大菱形和卷结组成的小菱形

步骤3

制作大V上的蕾丝花边3。将5mm的绳子分为2组，从中间向两侧分别按以下顺序用反向雀头结将绳子固定在第2个蕾丝花边两侧：1根3.3m长的绳子，折叠后一段长1.8m，一段长1.5m；1根3.6m长的绳子，折叠后一段长1.9m，一段长1.7m；2根4.4m长的绳子对折；1根3.3m长的绳子，折叠后一段长1.5m，一段长1.8m；1根2.7m长的绳子，折叠后一段长1.2m，一段长1.5m。

制作第3个蕾丝花边，在两侧用平结连续制作6个菱形，左侧使用右向平结，右侧使用左向平结，如图所示，并在菱形内部用卷结制作小菱形。为了将两侧的绳子连接起来，分别用靠近中间的6根绳子编织2个斜交替平结。然后用最中间的4根绳子编织1个平结将两侧连接起来。最后编织6排交替平结，如图所示，形成一个倒三角形。

步骤4

制作大V上的蕾丝花边4。将蕾丝花边4的绳子分成2组，对折后，从中间向两侧分别按以下顺序用反向雀头结将绳子固定在第3个蕾丝花边两侧：1根5m长的绳子，1根3.6m长的绳子，1根5m长的绳子。

制作第4个蕾丝花边，用卷结在每侧制作11个菱形，最后一排卷结一直编织到底。然后用中间的2根填充绳和两侧各3根编织绳，在中间制作1个大菱形，将两侧的绳子连接起来。最后将60根未染色的1.2m长的绳子（5mm粗），用反向雀头结固定在菱形之间，每个菱形之间连接3根绳子。

蕾丝花边4（左侧），卷结组成的菱形

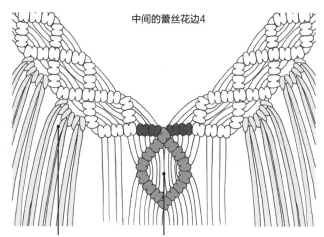

中间的蕾丝花边4

步骤4 反向雀头结（边缘）　　步骤4 卷结

蕾丝花边5（左侧），
卷结组成的双重菱形

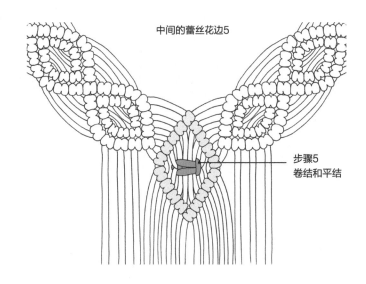

中间的蕾丝花边5

步骤5
卷结和平结

步骤5

制作大V上的蕾丝花边5。将5mm的绳子分为2组，从中间向两侧分别按以下顺序用反向雀头结将绳子固定在第4个蕾丝花边两侧：1根6m长的绳子对折；2根4.4m长的绳子，折叠后一段长2.6m，一段长1.8m；1根6m长的绳子对折。

制作第5个蕾丝花边，如图所示，在两侧用卷结连续制作8个双重菱形。然后用中间的2根绳子和两侧各4根绳子，在中间制作1个菱形，将两侧的绳子连接起来，并在菱形内部打平结。

步骤6

制作小V上的蕾丝花边1。将所有2.5m长的绳子（3mm粗）分成4组，每组4根。对折后用反向雀头结连接在中间大V的两侧，间距约12cm。

在每侧编织25排交替平结，左侧是右向平结，右侧是左向平结。同步骤1一样，将两侧的绳子连接起来。

蕾丝花边1（左侧），
右向平结组成的菱形

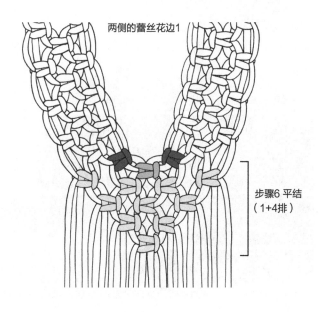

两侧的蕾丝花边1

步骤6 平结
（1+4排）

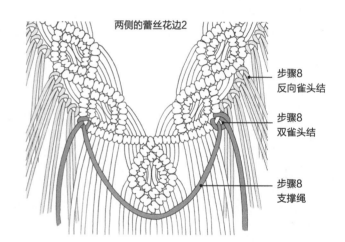

1.9m 1.6m 1.2m 2m
1.9m 1.2m 2m 2m

中间的蕾丝花边

右侧的蕾丝花边

步骤7 卷结

步骤5 卷结

步骤7

制作小V上的蕾丝花边2。将5mm的绳子分为4组，从中间向两侧分别按以下顺序用反向雀头结将绳子固定在第1个蕾丝花边两侧：1根4m长的绳子对折；1根3.2m长的绳子，折叠后一段长2m，一段长1.2m；一根2.8m长的绳子，折叠后一段长1.2m，一段长1.6m；1根3.8m长的绳子对折。注意靠近中间大V的反向雀头结要位于第5个蕾丝花边的反向雀头结之间，如图所示，并置于其后方。如果操作较为困难，可借助钩针或镊子。

提起中间的第5个蕾丝花边，以便看清绳子方便操作。按照步骤5，在两侧用卷结连续制作4个双重菱形，最后一排卷结一直编织到底。然后用中间的2根绳子和两侧各3根绳子，在中间再制作1个双重菱形，将两侧的绳子连接起来。

步骤8

将染色后的0.8m长的绳子（3mm粗），连接到两侧的蕾丝花边2上。在第1个菱形与树枝之间连接3根绳子，菱形之间连接4根线。如图所示，使用双雀头结将未染色的1m长的绳子连接到2个菱形之间，形成1条支撑绳。将剩余的0.8m长的绳子连接到支撑绳上，并根据需要调整支撑绳的长度。

步骤9

将染色后的1.2m长的绳子（5mm粗），连接到中间的蕾丝花边5上，每个菱形之间连接3根绳子。如图所示，使用双雀头结将1.4m长的绳子连接到2个菱形之间，形成1条支撑绳。将其余的1.2m长的绳子连接到支撑绳上，并根据需要调整支撑绳的长度。

步骤10

根据需要修剪绳子末端，完成壁挂。

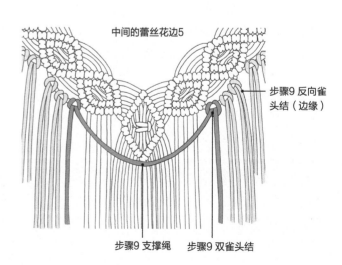

两侧的蕾丝花边2

步骤8 反向雀头结

步骤8 双雀头结

步骤8 支撑绳

中间的蕾丝花边5

步骤9 反向雀头结（边缘）

步骤9 支撑绳　步骤9 双雀头结

松糕壁挂

　　将厚实的美利奴羊毛融入作品绝对是件非常治愈的事情。羊毛比棉绳更蓬松柔软，可以毫不费力地制作出精美的细节肌理。如果以前从未尝试过用美利奴羊毛编织作品，那么这个壁挂作品可以让人大饱眼福。松糕壁挂高135cm，宽105cm，支撑铜管重5kg。换句话说，这款壁挂将需要很多材料，但我敢肯定等成品出来后，大家一定都会非常喜欢。

绳结
缠绕结→9页
反向雀头结→3页
卷结→5页
平结→4页
交替平结→4页

技巧
隐藏绳子末端→29页

图案样式
里亚结→43页
平纹→40页
气泡纹→41页
苏马克纹→42页

材料
铜管（长1.18m，直径22mm）
原色单股棉绳（长110~120m，直径2mm）
原色多股棉绳（长约235m，直径5mm）
浅绿色单股棉绳（长约75m，直径5mm）
深绿色单股棉绳（长约95m，直径5mm）
原色单股棉绳（长约22m，直径8mm）
原色单股棉绳（长约185m，直径5mm）
黄色单股棉绳（长约45m，直径5mm）
棕色单股棉绳（长约30m，直径5mm）
白色美利奴羊毛（长约8m）
绿色美利奴羊毛（长约5m）
黄色美利奴羊毛（长约4m）
红色美利奴羊毛（长约3m）

小贴士
• 可以使用任何粗细的绳子制作壁挂，因此如果无法获取列出的绳子，可使用手头上已有的绳子。
• 制作大型纺织技法的作品时，需要特别注意纬向绳的松紧，否则特别容易变得笨重或紧绷。

准备工作
清洁并根据需要使用合适的涂层保护铜管免于锈蚀。

将2mm粗的原色单股棉绳剪成以下数量和尺寸：
6根，每根长1m
80~90根，每根长1.2m

将5mm粗的原色多股棉绳剪成以下数量和尺寸：
2根，每根长5m
54根，每根长4m
6根，每根长1.2m

以下绳子（除8mm粗原色单股棉绳）剪成小段的用于制作里亚结流苏，剩余的用于制作纺织纹。
取50.4m浅绿色单股棉绳剪成以下数量和尺寸：
24根，每根长1.2m
24根，每根长0.9m
取69.6m深绿色单股棉绳剪成以下数量和尺寸：
40根，每根长1.2m
24根，每根长0.9m

将8mm粗的原色单股棉绳剪成以下数量和尺寸：
18根，每根长1.2m

取138m原色单股棉绳（5mm粗）剪成以下数量和尺寸：
100根，每根长1.2m
20根，每根长0.9m

取19.2m黄色单股棉绳剪成以下数量和尺寸：
12根，每根长0.8m
16根，每根长0.6m

取4.8m棕色单股棉绳剪成以下数量和尺寸：
8根，每根长0.6m

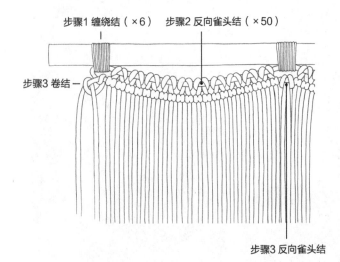

步骤1 缠绕结（×6）　　步骤2 反向雀头结（×50）

步骤3 卷结——

步骤3 反向雀头结

步骤1
将1根5m长的原色多股棉绳（5mm粗）固定到铜管上，以铜管和绳子作为填充绳，用6根1m长的绳子（2mm粗）制作6个缠绕结，缠绕结之间间隔约18~19cm。每个结缠绕12圈左右，确保绳结紧密牢固。修剪末端，调整绳结和支撑绳。

步骤2
将10根4m长的原色多股棉绳（5mm粗）用反向雀头结固定在每个缠绕结之间的支撑绳上，共计50个反向雀头结。

步骤3
将另一根5m长的绳子用作雀头结下方一排卷结的填充绳，并编织卷结。在每个缠绕结下方的填充绳上留一点空间，将剩余的4根4m长的绳子用反向雀头结系在填充绳上。调整绳结，使卷结分布均匀。最后把支撑绳的两端也用卷结系在填充绳上，现在壁挂共有112根绳子。

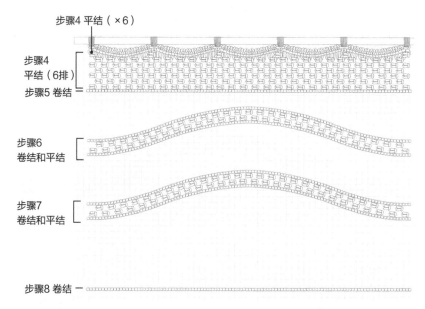

步骤4 平结（×6）

步骤4
平结（6排）
步骤5 卷结

步骤6
卷结和平结

步骤7
卷结和平结

步骤8 卷结

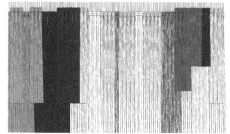

步骤9 里亚结

步骤4

使用从左往右数第1~4、21~24、45~48、65~68、89~92和109~112号的绳子在缠绕结下方编织6个平结。在6个平结下方编织6排交替平结，每排间距约5mm。

步骤5

将1根1.2m长的原色多股棉绳（直径5mm）用作填充绳，紧挨平结编织1排卷结。将绳子末端隐藏到背面（见29页），然后修剪绳子。

步骤6

另取1根1.2m长的原色多股棉绳作为填充绳，用卷结制作一条中间高两侧低的曲线，中间处距上排卷结约4cm，两侧尽量保持对称。然后编织2排交替平结，用另1根1.2m长的原色多股棉绳作为填充绳，紧挨平结编织1排卷结。

步骤7

距离14cm处，重复步骤6。

步骤8

在距离上一排卷结中间处22cm的位置，用最后1根1.2m长的原色多股棉绳作为填充绳，水平编织1排卷结。

步骤9

使用里亚结将绳子添加在最后一排卷结上方。将1.2m长的浅绿色绳子分成6组，每组4根，从左向右制作6个里亚结。

将1.2m长的深绿色绳子分成10组，每组4根，用里亚结添加到浅绿色绳子的右侧。

以喜欢的方式将其余的1.2m长的原色绳子（8mm、5mm和2mm粗），用里亚结连接到深绿色绳子的右侧。对于8mm粗的绳子，里亚结使用2根；对于5mm粗的绳子，里亚结使用4根；对于2mm粗的绳子，里亚结使用约14根。

以喜欢的方式，在第1排里亚结上方添加0.9m、0.8m和0.6m长的绳子。

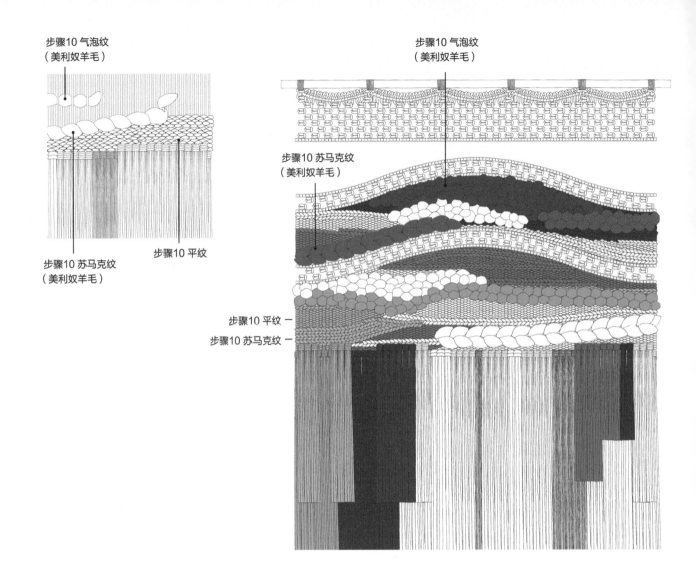

步骤10 气泡纹
（美利奴羊毛）

步骤10 气泡纹
（美利奴羊毛）

步骤10 苏马克纹
（美利奴羊毛）

步骤10 苏马克纹
（美利奴羊毛）

步骤10 平纹

步骤10 平纹

步骤10 苏马克纹

步骤10

开始制作壁挂的纺织纹部分（见40~42页）。参考图示，进一步了解其中使用到的平纹、气泡纹和苏马克纹，在编织过程中也可以根据自己设计的图案制作。如果使用较长的纬向绳，将需要更长的时间来编织，但也会节省整理隐藏绳端的时间。

从下往上逐步进行制作。如果制作平纹，至少需要3条经向绳；制作苏马克纹，至少需要4条经向绳。由于羊毛比较厚实，很容易排列紧密。

到达两个编织区域的交界处时，狭窄的空间很难继续编织，此时可借助针、钩针或镊子在经向绳上方和下方穿插。

步骤11

翻转作品，隐藏纬向绳的末端（见29页），完成整个壁挂。

万花筒捕梦网

　　制作如图所示的漂亮捕梦网其实比想象中要容易。按照步骤编织并添加绳子，不断地向外扩展。在绳子用完之前，可以一直编织下去。这款作品的设计让我想起了奇妙的万花筒，两者都具有类似于花朵或星星的图案，可以产生催眠效果。就个人而言，我喜欢别出心裁的流苏，因此添加了经过植物染色的流苏。大家制作的时候也可以不要流苏部分，只制作圆形的捕梦网。

绳结
反向雀头结→3页
卷结→5页
平结→4页
浆果结→9页

技巧
圆环→32页
扩展圆环→32页
隐藏绳子末端→29页
双雀头结→31页
洋葱染色→47页

材料
木环（直径60cm）
单股棉绳（长240~250m，直径5mm）
洋葱皮（用于植物染色）

小贴士
• 如果很难找到大型木环，又不想使用金属环，可尝试寻找木制的体操环。

准备工作
事先将棉绳剪成以下数量和尺寸：
20根，每根长4m；
20根，每根长3.6m；
30根，每根长2.8m。

注意：完成圆形图案后，可能还需要剪更多的绳子制作流苏部分。

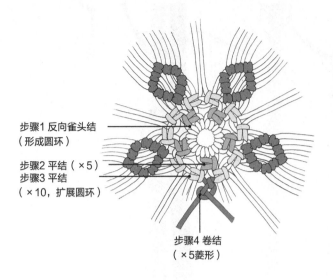

步骤1 反向雀头结
（形成圆环）

步骤2 平结（×5）
步骤3 平结
（×10，扩展圆环）

步骤4 卷结
（×5菱形）

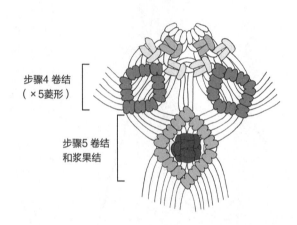

步骤4 卷结
（×5菱形）

步骤5 卷结
和浆果结

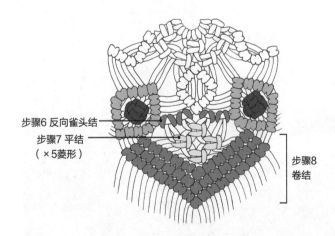

步骤6 反向雀头结
步骤7 平结
（×5菱形）

步骤8
卷结

步骤1

用1根4m长的绳子作为填充绳，将8根4m长的绳子用
反向雀头结固定在填充绳上。将填充绳两端弯曲交叉
形成圆形，然后将第9根4m长绳子固定在填充绳两端
的交点上，整理绳结形成1个圆环。使用编织垫板能
方便打结。

步骤2

在圆环外编织5个平结。

步骤3

现在开始扩展圆环（见32页）。在每个平结之间添加
2根4m长的绳子，编织10个平结，扩大圆环。

步骤4

在第1圈的5个平结下编织5个由卷结组成的菱形，每
个菱形之间空余2根绳子。

步骤5

在上一圈菱形之间且距第2圈平结2~3cm的位置编织
5个新的菱形，菱形之间的绳子要绷紧。闭合菱形之
前，在每个菱形内部制作1个浆果结。

步骤6

将20根3.6m长的绳子，用反向雀头结连接到步骤5中
相邻菱形之间，每处连接4根。

步骤7

用新绳子编织由4个平结组成的菱形。

步骤8

使用卷结菱形下部的3根绳子作为填充绳，在平结菱
形下方编织卷结，形成V字形。

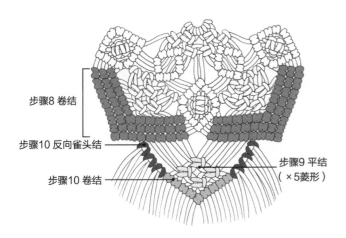

步骤8 卷结

步骤10 反向雀头结

步骤10 卷结

步骤9 平结
（×5菱形）

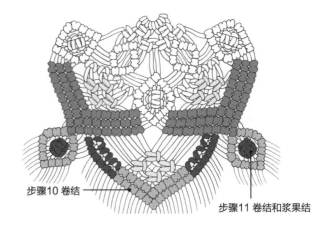

步骤10 卷结

步骤11 卷结和浆果结

步骤9

在V字形之间，用8根绳子编织由4个平结组成的菱形，
且菱形距V字形约3cm。

步骤10

如图所示，用V字形下的第5根绳子作填充绳，将3根
2.8m长的绳子用反向雀头结连接到填充绳上，并用平
结菱形下的绳子编织卷结，将2条填充绳连接在一起。
然后用紧邻的下一根绳子作填充绳，编1排卷结，形成
花瓣形。

步骤11

将步骤8中V字形的填充绳作填充绳，制作5个包含浆
果结的菱形。

步骤12

从步骤10中的5个"花瓣"中取出20根绳子，同侧的
10根向一个方向拉伸，其余10根向另一个方向拉伸，
并用卷结固定在木环上。边编织边调整，以便将编织
图案放在木环的中间。

步骤13

从步骤11中2个相邻的卷结菱形中各取出4根绳子，拉
长至木环处，并编织1个平结菱形。然后用卷结将绳子
固定在木环上。

步骤14

将木环悬挂起来。如图所示，用平结菱形下的8根绳子
编织3个交替卷结菱形。木环旋转180度，将填充绳向
下弯曲。每侧先编织3个卷结，然后编织1个小菱形作
为收尾。最后用卷结将绳子连接到木环上（步骤14的
图示见92页），悬挂部分制作完成。

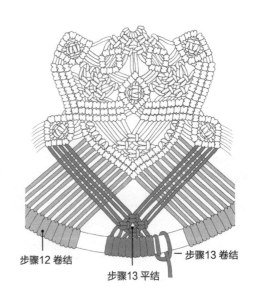

步骤12 卷结

步骤13 平结

步骤13 卷结

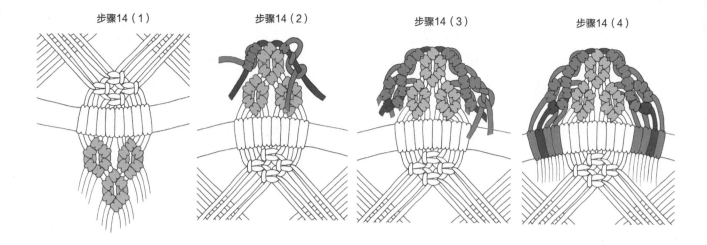

步骤14（1）　　　步骤14（2）　　　步骤14（3）　　　步骤14（4）

步骤15

隐藏木环上半部分的绳端，共64根，并剪断。

步骤16

将刚刚剪断的绳子，用反向雀头结连接到木环下部裸露的地方。

步骤17

从木环下部两侧拉出第11根绳子作为支撑绳，并用反向雀头结将支撑绳的另一端连接到木环上，形成拱形。使用反向雀头结将8根绳子连接到支撑绳上（如果绳子用完了，就剪一些新绳子），并在反向雀头结下系1个浆果结。

步骤18

取2根新绳子作为两侧的支撑绳，重复上一步各编织4个浆果结。然后将两侧支撑绳靠近中间的两端交叉，并用反向雀头结将两端连接在一起，形成1条新的支撑绳。如图所示，将支撑绳用作中间浆果结的编织绳，然后在两侧各连接8根绳子并编织浆果结。

步骤19

修剪绳子的末端。如果想浸染壁挂，可事先准备好洋葱皮染料。水平握环，将边缘的流苏绑成一束。将这束绳子浸入染料中，同时将木环放在位于染料上方的临时架子上。染色完成后，清洗绳子并晾干。

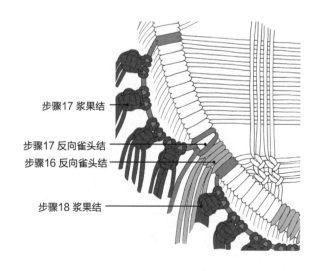

步骤17 浆果结

步骤17 反向雀头结

步骤16 反向雀头结

步骤18 浆果结

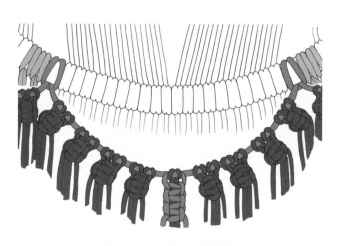

步骤18 浆果结（图中显示的是未完成的浆果结）

常春藤抱枕

　　如果想制作一个不太花费时间，又能给室内带来良好装饰效果的作品，抱枕是一个不错的选择。只要制作两个壁挂，然后将它们缝在一起就完成了。枕套的大小可以轻松调整，也可以使用任何类型的绳子。我做了两种尝试，一种是单股棉绳，另一种是用T恤剪成的布条线。布条线富有弹力，制作起来会稍微困难一些。由布条线制作而成的枕套柔软舒适适合作为枕头套，而没有弹力的棉绳则适合作为具有稳定形状的抱枕套。下面的制作说明使用的是单股棉绳。

绳结
雀头结→3页
卷结→5页
编织结→第11页
平结→4页
垂直雀头结→3页

材料
单股棉绳（长约175m，直径5mm）
木条（长60cm，宽约5cm，用于临时固定）
抱枕（45cm x 45cm）

小贴士
• 正面和背面图案不同，正面是由卷结组成的叶子图案，背面由交替平结组成。如果要使正面和背面图案相同，请选择其中一种样式，并加倍所需的绳子数量。
• 每个叶子由14根绳子组成。如果要调整叶子的长度，可一次性增加或减少一半的绳子数量，从而改变抱枕套的大小。
• 重复4或5次叶子和菱形的组合图案即为抱枕套的宽度。如果要调整宽度，可一次性增加或减少一半的组合图案。一个组合图案需要多用30cm左右的绳子。
• 如果使用布条线，可减小编织的力度，确保绳子不会过度挤压在一起。

准备工作
抱枕套的正面，可按以下数量和尺寸裁剪棉绳：
8根，每根长2.6m；
20根，每根长3.8m；
2根，每根长1.2m。
抱枕套的背面，可按以下数量和尺寸裁剪棉绳：
28根，每根长2.6m；
2根，每根长1.2m。

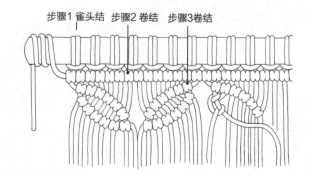
步骤1 雀头结　步骤2 卷结　步骤3卷结

抱枕套的正面

步骤1

按照以下顺序将绳子用雀头结绑在用于临时固定的木条上：1根2.6m长的绳子，5根3.8m长的绳子，2根2.6m长的绳子，5根3.8m长的绳子，2根2.6m长的绳子，5根3.8m长的绳子，2根2.6m长的绳子，5根3.8m长的绳子，最后是1根2.6m长的绳子。

步骤2

用1.2m长的绳子作为填充绳编织1排卷结。然后将填充绳末端缠绕固定在木条上，以免在后面的编织过程中误将其用作编织绳。注意不要剪短填充绳。

步骤3

将绳子分成4组，每组14根。参考图示用卷结编织4组叶子，每组包含2个相对的叶子。

步骤4

开始编织第1排菱形。在每组叶子之间且距叶子顶端约2cm处，用10根绳子编织1个卷结菱形，并在菱形内部系1个编织结。相邻菱形之间留下4根绳子。两侧只需要编织半个菱形，且内部不用编织绳结。

步骤5

距叶子末端约2cm处，用相邻菱形之间的4根绳子打1个平结。

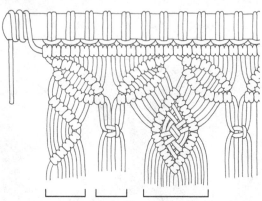
步骤4 卷结　步骤5 平结　步骤4 卷结和编织结

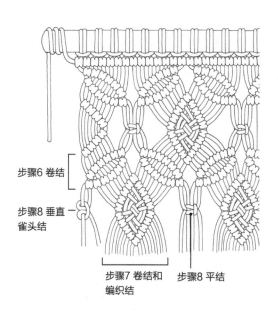

步骤6 卷结

步骤8 垂直
雀头结

步骤7 卷结和
编织结　　　步骤8 平结

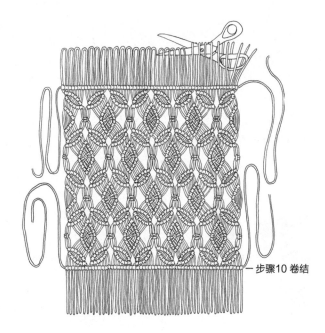

步骤10 卷结

步骤6

编织第2排叶子，但叶子的方向与上一排相反。

步骤7

每侧留出2根绳子后，编织第2排卷结菱形，相邻菱形之间留出4根绳子。

步骤8

用相邻菱形之间的4根绳子打1个平结。与平结相同高度处，用两侧的2根绳子打1个垂直雀头结。

步骤9

重复步骤3~8，然后重复步骤3中的1排叶子。

步骤10

将另1根1.2m长的绳子作为填充绳编织1排卷结，并确保长度与顶部的相同。然后从雀头结中抽出木条，剪断绳环做出流苏。注意不要剪短填充绳的末端。

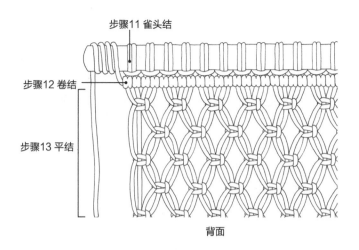

步骤11 雀头结
步骤12 卷结
步骤13 平结
背面

抱枕套的背面

步骤11

用雀头结将2.6m长的绳子全部连接到木条上。

步骤12

用1.2m长的绳子作为填充绳编织1排卷结。然后将填充绳末端缠绕固定在木条上,以免在后面的编织过程中误将其用作编织绳。注意不要剪短填充绳。

步骤13

编织14排交替平结,每排间距约1.5cm。或根据正面部分的大小进行调整。

步骤14

将另1根1.2m长的绳子作为填充绳编织1排卷结,并确保长度与顶部的相同。然后从雀头结中抽出木条,剪断绳环做出流苏。注意不要剪短填充绳的末端。

步骤15

如图所示,对齐正面和背面的上下两端,将流苏系在一起,将正面和背面连接在一起。注意确保正面和背面图案朝外。

步骤16

将抱枕塞到罩子里面,并将正面和背面的填充绳系在一起。

步骤17

如图所示,用2根填充绳将侧面像穿鞋带一样"缝合"在一起。另一侧重复此操作,闭合抱枕套。

步骤18

修剪绳子末端,完成抱枕套。

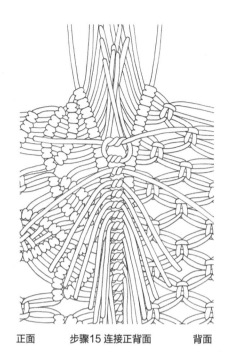

正面　　　步骤15 连接正背面　　　背面

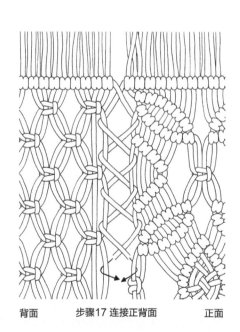

背面　　　步骤17 连接正背面　　　正面

诺瓦软凳

　　软凳是一种巧妙且实用的家具，可以轻松移动并与其他家具搭配，也可以用作脚凳。也许你需要在咖啡桌旁再添加一个座位，也许你想创造一个舒适的阅读角，也许你只是想要一些美丽的波西米亚风格的装饰元素。这款作品可以满足上述的所有需求。这个软凳的延展性非常大——宽约66cm，高约32cm，使用感极佳。它绝对属于一个进阶作品，需要一点即兴创作和调整能力，以使绳结图案完美地位于软凳正中央。在开始编织之前，需要先制作软凳底座。制作底座需要一点缝纫技巧，但也不是复杂的技术。希望大家对此感兴趣，愿意尝试一些更具挑战的事情。

绳结

反向雀头结→3页
卷结→5页
平结→4页
交替平结→4页

技巧

平螺旋→39页
扩展圆环→32页
隐藏绳子末端→29页

材料

布（约1.5m x 1.4m，用于制作软凳底座）
人造棉（5~6kg，用于填充软凳底座）
单股棉绳（长约650m，直径5mm）

小贴士

• 最耗时的部分是软凳套的底部，为了更加耐用，我设计得很密集。但是如果不想太费时间，可以将底部图案制作得和顶部一样。
• 可以用捕梦网代替顶部图案。

准备工作

制作软凳底座。

裁剪两块直径62cm的布，两块长106cm、宽30cm的布。

沿短边将2块长方形的布缝在一起，然后将长边与圆形布缝合在一起。一侧完全缝合，另一侧留出约15cm的开口。

翻转里外面，填充人造棉。直到达到想要的紧致程度，然后手工缝合开口。

软凳套的制作需要根据底座来调整绳子长度，并且要使图案位于底座中央。如果底座宽于66cm、高于32cm，则需要更长的绳子。

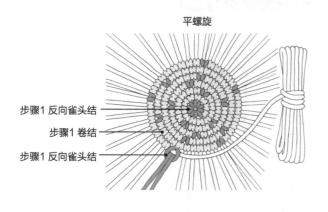

平螺旋

步骤1 反向雀头结
步骤1 卷结
步骤1 反向雀头结

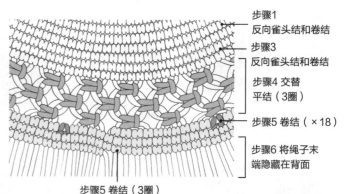

步骤1
反向雀头结和卷结
步骤3
反向雀头结和卷结
步骤4 交替
平结（3圈）
步骤5 卷结（×18）
步骤6 将绳子末
端隐藏在背面
步骤5 卷结（3圈）

软凳套底部

步骤1

软凳套的底部主要由卷结组成的平螺旋（见39页）构成。编织时注意打结的力度，确保添加更多绳子时螺旋不会松动。

裁剪6根4.5m长的绳子，将其中1根用作螺旋的填充绳。用反向雀头结将其他5根绳子连接在填充绳上，弯曲成1个绳环，并编织1圈卷结。编织第2圈卷结，裁剪2根4.5m长的绳子，当卷结之间的间距有点大时，用反向雀头结将新剪的绳子添加上去。继续编织卷结，共编织约30圈，每当感觉绳子比较稀疏时，就添加新的绳子，且要根据添加时其余编织绳的长度裁剪新绳子。我在第3圈中增加了4根4m长的绳子，每隔4个卷结添加1根，总共12根绳子；接下来添加了10根3.8m长的绳子，每隔4个卷结添加1根……重复上述步骤，当感觉绳子间距有点大时，就添加新绳子。

步骤2

螺旋中的填充绳总共要使用约27m，第一次的填充绳用完后再剪取新的。填充绳要剪取多长，没有明确标准，根据自己的需求而定，我一次剪取约10m。长度越长，剪的次数越少。

添加新的填充绳。将新绳与旧绳末端重叠约15cm，编织几个卷结后，轻轻拉动新填充绳，将其末端隐藏到绳结下方（见29页）。

步骤3

螺旋缠绕28圈后，请确保剩余的填充绳长度至少为4m。如果不是，请在剩余约15cm的地方剪断，并添加1根4m长的绳子。

计算此时绳子的数量，包括填充绳。在第29圈中总共需要180根绳子。如果在第28圈中有150根绳子，需要裁剪15根新绳子（对折后添加）才能达到180根。编织第29圈和第30圈的卷结，完成整个螺旋。

步骤4

围绕螺旋，编织3圈交替平结。

步骤5

裁剪1根6.5m长的绳子，18根0.5m长的绳子。用6.5m长的绳子作为接下来3圈卷结的填充绳，一端留出约0.3m的长度。第1圈中大约间隔10个卷结，用反向雀头结增加1根短绳。回到起点位置后，将填充绳0.3m长的一端打1个卷结，然后再继续编织第2圈卷结。

步骤6

3圈结束后翻转底部，用镊子隐藏绳子的末端（见29页），并剪断。

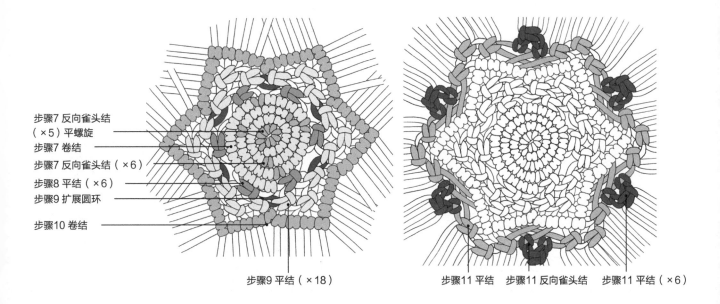

步骤7 反向雀头结
（×5）平螺旋
步骤7 卷结
步骤7 反向雀头结（×6）
步骤8 平结（×6）
步骤9 扩展圆环

步骤10 卷结

步骤9 平结（×18）

步骤11 平结　步骤11 反向雀头结　步骤11 平结（×6）

软凳套顶部

步骤7

编织4圈由卷结组成的平螺旋。开始制作时使用编织垫板，然后在底座上继续编织，确保顶部图案位于底座中央。

裁剪1根5m长的绳子，11根4m长的绳子。用5m长的绳子作为螺旋的填充绳，用反向雀头结将5根4m长的绳子连接上去，并确保填充绳一端长3m。编织4圈卷结，如果感觉绳结稀疏，就添加新的4m长的绳子。

步骤8

围绕螺旋，编织1圈共6个平结。

步骤9

裁剪12根3.6m长的绳子，在相邻平结之间添加2根，并编织12个交替平结以扩展圆环（见32页）。然后编织第3圈的6个交替平结，每个平结之间跳过4根绳子。

步骤10

在平结的正下方编织V字形卷结，形成第1个六角星。

步骤11

如图所示，将六角星两旁的4根绳子交叉，然后在六角星下方打3个交替平结。

裁剪12根3.2m长的绳，取其中2根用反向雀头结固定在交叉线上，并编织1个平结。重复上述步骤5次。

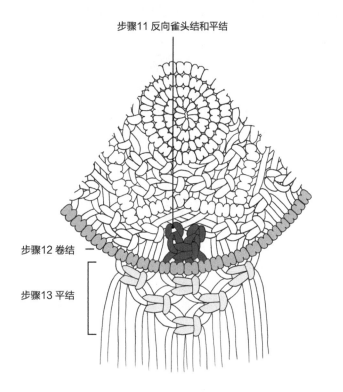

步骤11 反向雀头结和平结

步骤12 卷结

步骤13 平结

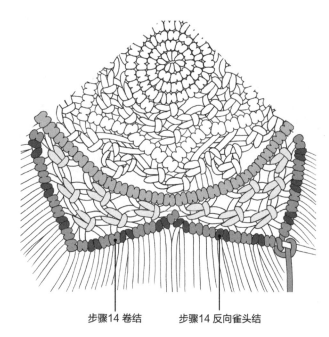

步骤14 卷结　步骤14 反向雀头结

步骤12

裁剪1根0.8m长的绳子作为填充绳,在平结下编织1圈卷结,并剪掉填充绳延伸出的线头。

步骤13

如图所示,编织3圈交替平结,形成第2个六角星。

步骤14

裁剪36根3m长的绳子。将第1个卷结系在六角星的凹陷处,然后在绳结两侧,用反向雀头结各添加1根绳子。编织2个卷结,添加1根绳子,编织2个卷结,添加1根绳子,再编织1个卷结。收尾处用填充绳两端编织一个卷结,形成星形。在星形卷结外再编织一圈卷结。

步骤15

在六角星之间编织由4个平结组成的菱形。

步骤16

用卷结编织第3个六角星。

步骤17

裁剪1根1.6m长的绳子作为第2圈卷结的填充绳,并剪掉填充绳延伸出的线头。

步骤18

编织3圈交替平结。

步骤19

裁剪1根1.8m长的绳子和36根1.9m长的绳子。将1.8m长的绳子环绕在平结周围,作为第3圈卷结的填充绳。同时将36根1.9m长的绳子按照编织2个卷结,添加1根绳子的顺序添加上去。

至此顶部已经完成,无需再添加任何绳子,接下来开始连接底部。

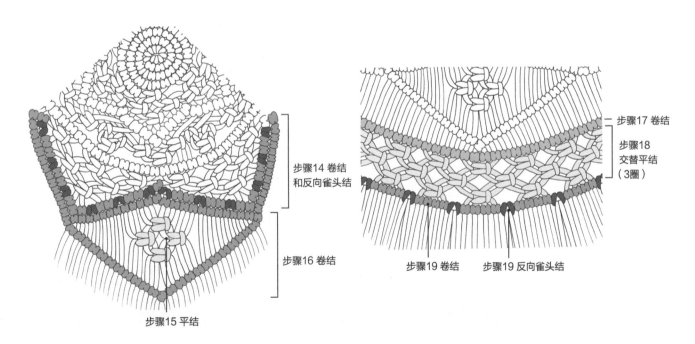

步骤14 卷结
和反向雀头结

步骤16 卷结

步骤15 平结

步骤17 卷结

步骤18
交替平结
（3圈）

步骤19 卷结　　步骤19 反向雀头结

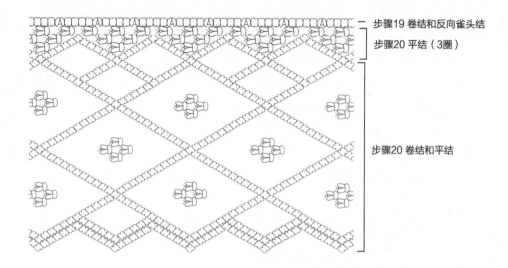

步骤19 卷结和反向雀头结

步骤20 平结（3圈）

步骤20 卷结和平结

侧面

步骤20

如图所示，编织由3排交替平结组成的倒三角形，然后编织由卷结组成的菱形。制作时，将顶部放在底座上，以便检查绳子的长短，以及底座周围是否足够紧密。

步骤21

现在开始将底部和顶部连接在一起，这个过程有点烦琐。首先，将底座放在顶部和底部之间。

其次，将顶部绳子的末端，依次穿过底部第2圈和第3

圈卷结之间的空隙。剪1根2.4m长的绳子作为填充绳，将顶部的绳子用卷结连接在底部上，用填充绳两端编织1个卷结完成收尾。这圈卷结比底部其他卷结更加凸出，并在底部周围形成漂亮的边缘。

最后，隐藏绳子末端。用弯曲的镊子将绳子末端向下穿过第1圈和第2圈卷结之间的空隙。然后拉动绳子，将其尽可能拉到里面。并将卷结周围延伸出的绳子戳平。

这个作品至此就完成了。在软凳底部喷涂织物保护剂，避免磨损和弄脏。

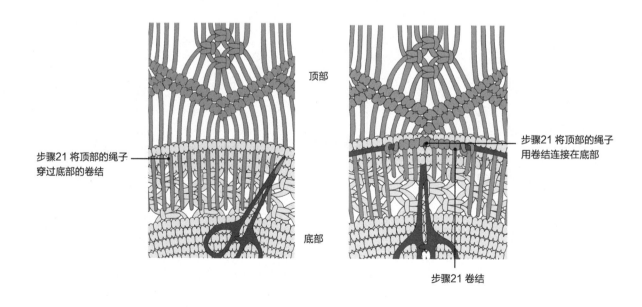

顶部

步骤21 将顶部的绳子穿过底部的卷结

底部

步骤21 将顶部的绳子用卷结连接在底部

步骤21 卷结

黎明窗帘

这面窗帘现在就挂在我的卧室里，每天早晨看到它，我的欣喜之情便油然而生。这个作品确实花费了很长很长时间才完成，但是完成后就会发现每个绳结都是值得的。窗帘长230cm，宽115cm，设计灵感来自传统的摩洛哥地毯。仅仅使用平结就可以编织出如此美丽的作品，当光线照射进来时，会产生更加奇妙的视觉效果。这个作品在技术上可能不是最先进的，但是我仍然将其收入本书。因为根据我的经验，涉及这样的大型作品时，很多人都会因为长长的绳子心生畏惧，产生放弃的想法。希望这个作品能让大家鼓起勇气去挑战类似的大型作品。这个作品需要投入大量的时间和耐心，并且在编织时要经常伸展身体，学会休息。

绳结
反手结→3页
反向雀头结→3页
平结→4页
交替平结→4页

材料
金属环（10个，大小可以放在窗帘杆上即可）
单股棉绳（长约875m，直径3mm，重约3.2kg）

小贴士
• 这个设计最困难的事情可能是保持绳结水平。如果为此感到困扰，可以使用激光水平仪进行辅助。
• 使用后会来回拉动窗帘，因此需要确保绳结牢固，否则使用一段时间之后绳结会散开。

准备工作
从10个金属环开始编织窗帘。每个金属环对应12根绳子，标记出哪些绳子属于哪个环号（1至10），确保剪断绳子时不会出错。
事先将棉绳剪成以下数量和尺寸：
金属环 1、2、9和10
48根（每环12根），每根长7m；
金属环 3和8
24根（每环12根），每根长7.4m；
金属环 4和7
24根（每环12根），每根长7.2m；
金属环 5和6
24根（每环12根），每根长7.8m。

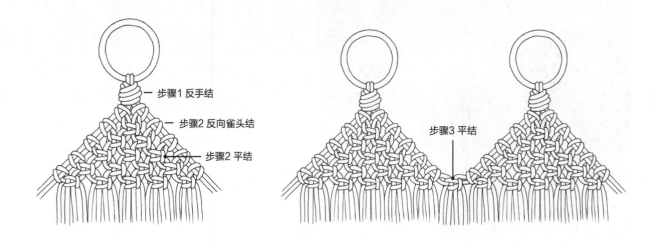

步骤1 反手结

步骤2 反向雀头结

步骤2 平结

步骤3 平结

步骤1

准备10个S形挂钩。从标有1号环的绳子中取出2根，穿过其中1个金属环，并确保绳子两端长度相等，然后在金属环正下方打1个反手结。将金属环挂在最左侧的S形挂钩上。其他金属环重复上述操作，并挂在相对应的S形挂钩上，注意确保每次都能从正确的编号环中拿取绳子。

步骤2

将1号环上的2根绳子弯曲到左侧，另外2根弯曲到右侧。从标有1号环的绳子中再取出2根绳子，用反向雀头结分别连接到金属环两侧的绳子上。用新添加的绳子在金属环下方打1个平结。在平结两侧分别再连接1根绳子，编织2个交替平结。继续添加绳子，编织交替平结，每侧各添加5根绳子。在其他9个金属环上重复此操作。

步骤3

所有绳子都固定到对应的金属环上后，用相邻金属环之间的4根填充绳打1个平结，将10个部件连接起来。

步骤4

用所有的绳子编织6排交替平结（参考112页图示），在窗帘顶部形成密集的网。边缘部分的填充绳也要使用。

步骤5

在平结下方3cm处编织平结菱形，菱形中每一排平结之间间距1~1.5cm。共编织9个完整的菱形，2个半菱形。完整的菱形由5排平结组成，半菱形由3排平结组成。每个菱形之间留出12根绳子。

步骤6

在上一排菱形之间编织由7排平结组成的菱形，共10个。将第1个绳结放在与上面菱形第4排平结相同的高度，每个菱形之间空余8根绳子。

步骤7

编织9个完整的菱形和2个半菱形。大菱形第1个绳结与上面菱形第6排平结的高度相同。内部小菱形有3排，每排有2个连续的平结。小菱形第1个绳结与大菱形第4排平结的高度相同。

步骤8

重复步骤6，编织1排菱形。

步骤9

重复步骤5，编织1排菱形，但要跳过中间的菱形。

步骤10

编织中间的大菱形。外部大菱形每排由2个连续的平结组成。大菱形第1个绳结与上面菱形第6排平结的高度相同。然后编织13排双平结，完成大菱形的上半部分。在大菱形中间重复步骤7，完成中菱形和小菱形。最后编织12排双平结，完成大菱形的下半部分。

步骤11

距步骤9菱形3cm处开始编织步骤7中的小菱形，每侧7个共14个。边缘两侧分别留出2根绳子，每个菱形之间留出4根绳子。

步骤12

使用上排小菱形之间空余的4根绳子编织第1排平结，然后紧接着再编织12排，形成菱形。这步操作的关键是，要使菱形交点的连线与中心大菱形的中点平齐。因此，菱形与上方小菱形之间的距离尤为关键，这个过程可能需要反复试验。在我的窗帘中，菱形顶点与上方小菱形距离约1cm。

步骤13

在中心大菱形两侧各编织1个由7排平结组成的菱形，且距步骤12菱形约2cm。从与菱形第6排平结相同高度处，开始编织由5排平结组成的小菱形，每侧1个。

步骤14

距步骤12菱形约2cm处开始编织菱形，与步骤13中的菱形顶部对齐。外部大菱形每排由2个连续的平结组成，编织9排，完成大菱形的上半部分。在大菱形中间编织步骤13中的小菱形，高度也与其相同。最后再编织8排，完成大菱形的下半部分。

步骤15

在步骤14菱形两侧编织5个看似随机分布的菱形。第1个：在步骤12的2个菱形之间编织步骤13中的菱形，

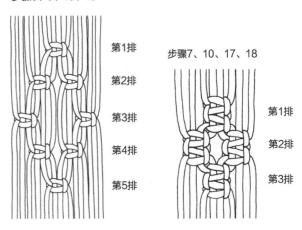

步骤5、9、13、15

第1排
第2排
第3排
第4排
第5排

步骤7、10、17、18

第1排
第2排
第3排

高度也与其相同。第2个：在两侧编织5排平结组成半菱形。第3个：在第1个和第2个菱形之间编织步骤13中的小菱形，高度也与其相同。第4个：与第3个菱形中第4排平结相同高度处编织7排平结组成菱形。第5个：与第4个菱形中第6排平结相同高度处编织5排平结组成菱形。

步骤16

在距步骤13中的小菱形下方2cm处编织3个菱形。

步骤17

编织1排步骤11中的小菱形。先在中心两侧各编织7个菱形，每个菱形之间留出4根绳子。然后在两侧边缘各编织2个菱形，并确保与中间的菱形处于同一高度。

步骤18

距上一排小菱形2cm处，重复步骤6~8，编织3排菱形。

步骤19

向下2cm，编织22排或更多交替平结。修整绳子末端，完成窗帘。如果想要更改窗帘的大小，可添加或减少带12根绳子的金属环，然后按照从中间到边缘的顺序处理图案。

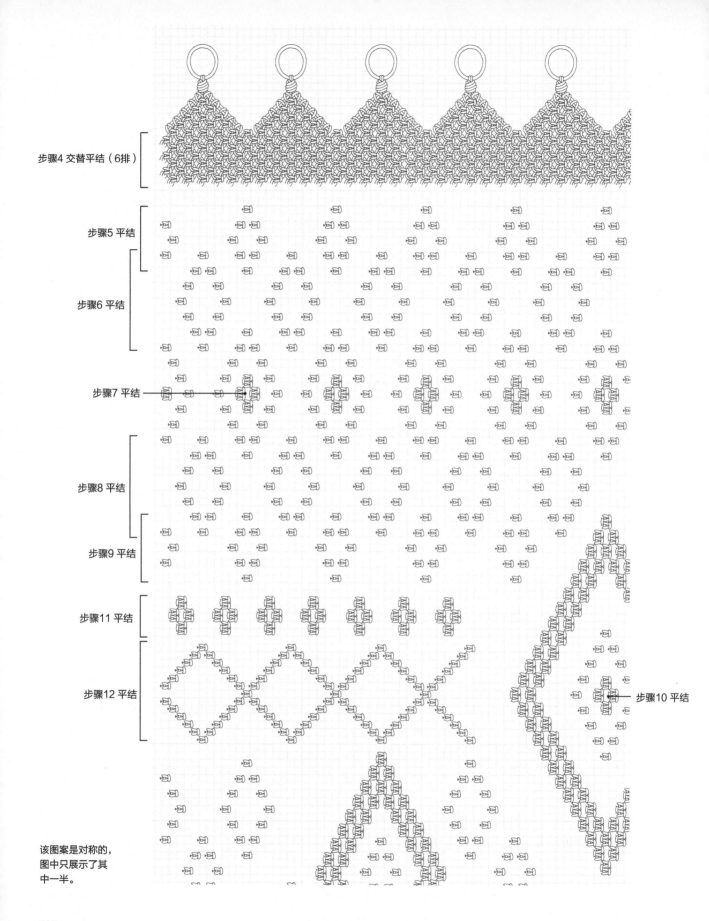

步骤4 交替平结（6排）

步骤5 平结

步骤6 平结

步骤7 平结

步骤8 平结

步骤9 平结

步骤11 平结

步骤12 平结

步骤10 平结

该图案是对称的，
图中只展示了其
中一半。

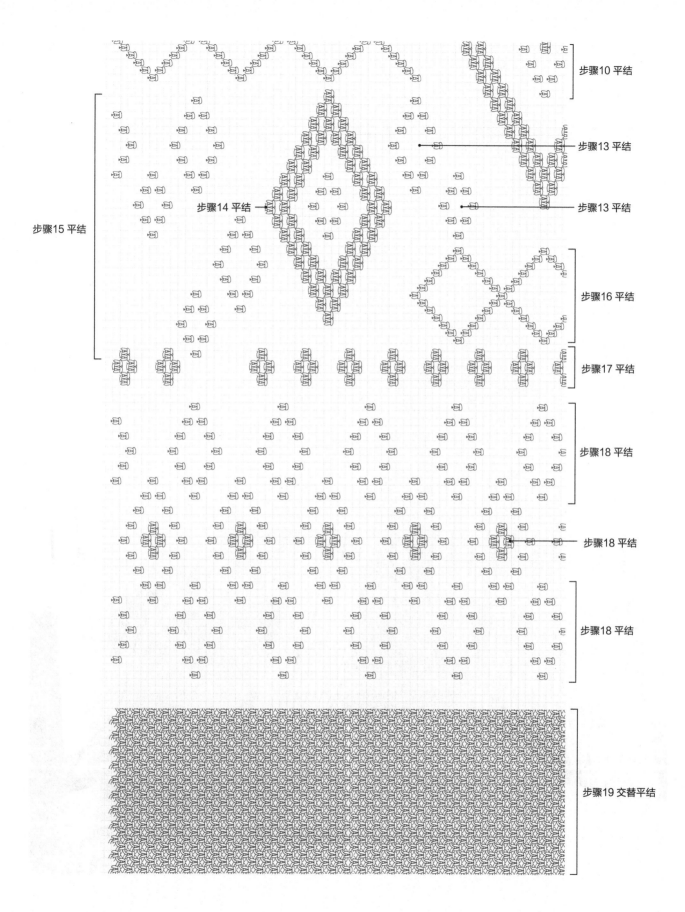

步骤10 平结

步骤13 平结

步骤13 平结

步骤14 平结

步骤15 平结

步骤16 平结

步骤17 平结

步骤18 平结

步骤18 平结

步骤18 平结

步骤19 交替平结

梦境床幔

想象一下在这个梦幻般的场景中醒来——光线透过层叠的缝隙散落下来，抬头便是美丽的绳结。小时候我曾经在朋友家见过一个床幔，从那之后，便一直也想拥有一个，我想象不出比床幔更梦幻的东西了。不幸的是，我睡在家里上下铺的下铺，姐姐在上铺，所以安装床幔是不现实的。长大之后我仍然怀揣这个愿望，并更倾向于使用绳结制成的床幔。床幔的顶部可以做成各种形状，我选择的是常用的圆形，可以悬挂在不同尺寸的床上。这是一个有点复杂的作品，需要注意各种细节。当完成顶部并固定好圆环后，建议将其从天花板上垂下来，这样可以更容易控制绳结的位置，完美地完成设计。

绳结

垂直雀头结→3页

平结→4页

卷结→5页

浆果结→9页

反向雀头结→3页

半平结→3页

反手结→3页

土耳其头结→16页

技巧

扩展圆环→32页

双雀头结→31页

延伸雀头结→31页

材料

小金属环（直径约4.5cm，用来悬挂床幔）

单股棉绳（长880~900m，直径5mm）

木环（直径70cm）

小贴士

• 如果很难找到大型的木环，又不想使用金属环，可尝试寻找木制的体操环。

步骤1

准备工作
垂直雀头结

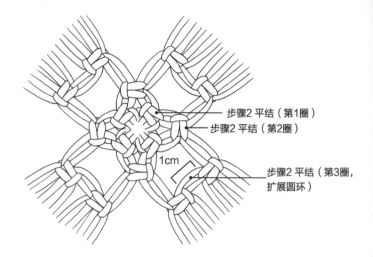

步骤2 平结（第1圈）

步骤2 平结（第2圈）

1cm

步骤2 平结（第3圈，
扩展圆环）

准备工作

裁剪1根1.3m长的绳子，一端留出约20cm长，将另一
端沿着小金属环打垂直雀头结，并留出约3cm长的裸
露的环圈。

事先将棉绳剪成以下数量和尺寸

主体部分
14根，每根长9m；
14根，每根长8.5m；
70根，每根长7.6m；
2根，每根长4m；
2根，每根长3.8m；
10根，每根长2.4m。

螺旋
2根，每根长10.5m；
2根，每根长7m；
2根，每根长3m；
2根，每根长2m。

流苏
48根，每根长0.3m；
4根，每根长1m。

主体部分

步骤1
将8根9m长的绳子穿过小金属环，挂在裸露的环圈上，
并确保绳子的末端都一样长。用垂直雀头结上的短绳
捆绑住这些绳子。

步骤2
制作第1圈~第3圈。用9m长的绳子编2圈交替的平结，
每圈4个。将2根4m长的绳子和剩下的6根9m长的绳子
添加进来，用以扩展圆环（见32页），并将2根4m长的
绳子放在一起。如图所示，距第2圈平结1~1.5cm的距
离编织第3圈平结，共8个。
制作第4圈、第5圈。2圈各编织8个交替的平结，每圈
间距增加1cm。
制作第6圈~第9圈。添加14根8.5m长的绳子和2根
3.8m长的绳子，再次扩展圆环，完成第6圈的16个平
结，同时确保2根3.8m长的绳子位于2根4m长的绳子
下。再编织3圈交替的平结，每圈间距增加1cm，使最
后一圈适合大圆环的大小。

步骤3
用卷结将绳子连接到大圆环上，调整绳的位置，使其
均匀地分布在大圆环上。

步骤4

将小金属环悬挂在天花板上或编织架上，确保形状和角度合适。然后用卷结下的16组绳子编织16个浆果结。

步骤5

取2根2.4m长的绳子，用双反向雀头结连接在用最短的绳子编织的3个浆果结之间作为支撑绳，并确保绳子两端的长度相等。再取14根7.6m长的绳子，用双雀头结连接在其余的浆果结之间作为支撑绳，并确保两端的长度相等。

步骤6

取剩余的8根2.4m长的绳子，连接在2根较短的支撑绳上，每根4根。将每根绳子用延伸雀头结（见31页）连续编织2个雀头结，以覆盖整个支撑绳。
取剩余的56根7.6m长的绳子，以相同的方式将4根绳子连接到1根支撑绳上。

步骤7

在每个浆果结的下方，编织3个交替的平结。

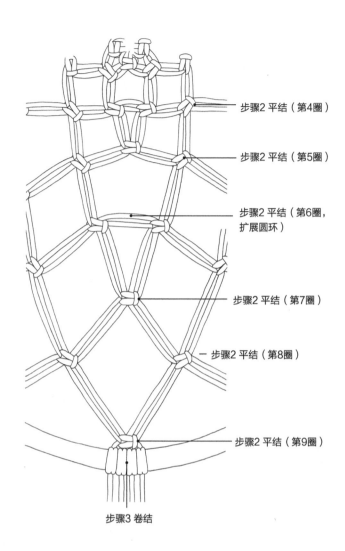

步骤2 平结（第4圈）

步骤2 平结（第5圈）

步骤2 平结（第6圈，扩展圆环）

步骤2 平结（第7圈）

步骤2 平结（第8圈）

步骤2 平结（第9圈）

步骤3 卷结

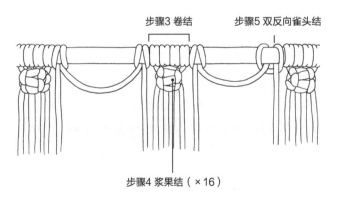

步骤3 卷结　　步骤5 双反向雀头结

步骤4 浆果结（×16）

步骤7 平结　　步骤6 延伸雀头结

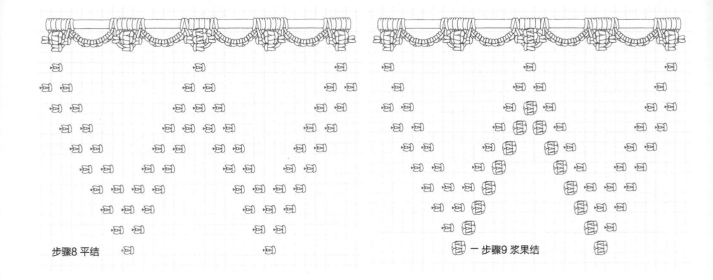

步骤8 平结

 — 步骤9 浆果结

步骤8
编织床幔主体部分的图案。如图所示，距上一个平结约2cm处，将10排交替平结排成V字形，且每排平结间距约2cm。

步骤9
在由短绳构成的V字形中，如图所示，以交替的浆果结代替平结。完成后总共应该有15个浆果结，位于床幔的"开口"上方。

步骤10
在V字形之间，距上方平结约7cm处，用较长的绳子系1圈双重平结，每个绳结有4根填充绳。

步骤11
在V字形图案底部等高处，编织1圈由平结组成的菱形，每排有2个连续的平结。

步骤12
距步骤10的平结下方约26cm的位置，再编织1圈有4根填充绳的双重平结。

步骤13
用平结编织倒V字形，与步骤8中的V字形形成对称。靠近开口处编织半个V字形。

步骤14
在倒V字形图案底部等高处，编织3排由平结组成的菱形。菱形间间距约6cm，并以倒V字形排列。靠近开口处，系2个连续的平结，不形成完整的菱形。

步骤15
编织8排交替的平结。第1排是1个平结，位于步骤14的第2排和第3排菱形之间。第2排是2个交替的平结，位于第1排平结下约7cm处。第3排是3个交替的平结，位于第2排平结下约7cm处。其余5排用所有绳子编织交替平结，每排间距增加1~2cm。

步骤16
修剪开口上方的绳子末端。如果想要一个更加完整和紧密的流苏，可在浆果结之间的连接绳上添加一些短绳。

主体部分　　　　　　　　　　　　　　　　　　前端开口部分

浆果结2　　浆果结1　中间的浆果结　浆果结1　浆果结2

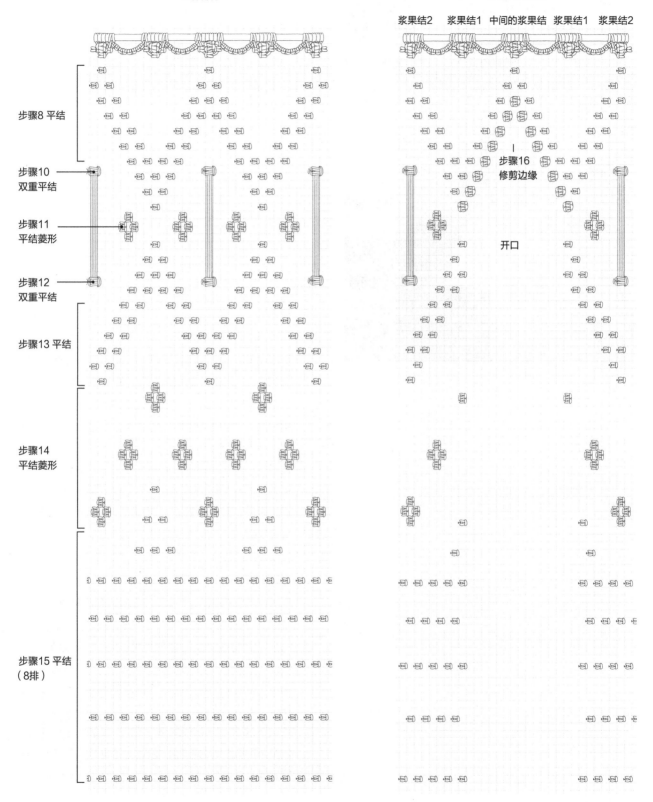

步骤8 平结

步骤10
双重平结

步骤11
平结菱形

步骤16
修剪边缘

步骤12
双重平结

开口

步骤13 平结

步骤14
平结菱形

步骤15 平结
（8排）

螺旋

步骤17

现在来制作装饰床幔的螺旋。将1根7m长的绳子与1根2m长的绳子组合在一起并对折，然后用反向雀头结固定在开口上方的浆果结的左侧。用2根长绳作编织绳，2根短绳作填充绳编织半平结。当螺旋长约40cm时，将其向右弯曲，将编织绳从第2个浆果结的右侧穿过。然后继续在填充绳上编织半平结。

将剩下的7m长的绳子和2m长的绳子固定在开口上方的浆果结的右侧，重复上述操作，但需要将此螺旋向左弯曲。

步骤18

现在制作另外2个螺旋。将1根10.5m长的绳子与1根3m长的绳子组合在一起，用反向雀头结固定在右侧第2个浆果结的左侧。用半平结编织约50cm长的螺旋后，将其向右弯曲，将编织绳从第4个浆果结的右侧穿过。继续编织约30cm长的螺旋，然后将编织绳从第5个浆果结的右侧穿过，最后再编织约10cm长的螺旋。

将剩下的10.5mm长的绳子和3m长的绳子固定在左侧第2个浆果结的右侧，重复上述操作，但需要将此螺旋向左弯曲。

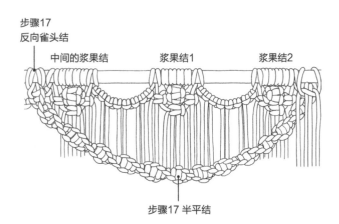

步骤17
反向雀头结

中间的浆果结　　　　浆果结1　　　　浆果结2

步骤17 半平结

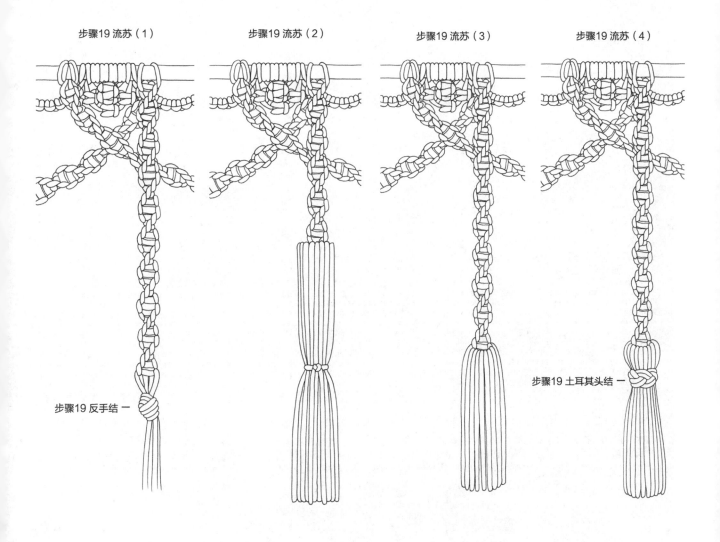

步骤19 流苏（1）　　步骤19 流苏（2）　　步骤19 流苏（3）　　步骤19 流苏（4）

步骤19 反手结

步骤19 土耳其头结

流苏

步骤19

在每个螺旋的末端制作流苏。首先，用螺旋末端的绳子在螺旋下方约1cm处打1个反手结，避免过度拉紧绳结。然后，取11根0.3m长的绳子围绕在反手结外。再取1根0.3m长的绳子，用绳结将所有绳子牢固地绑在螺旋上，绳结要位于螺旋和反手结之间。放下绳子，取1根1m长的绳子，在所有绳子上编织土耳其头结。土耳其头结要位于绳子内部的反手结下方，以使流苏具有一个凸起的"头部"。修剪并梳理流苏，使其更加柔软和蓬松。

制作其他3个流苏，完成床幔的制作。

时尚项链

　　在珠宝设计中经常会融入一些编织技法——用超细的绳子编织出错综复杂的图案，并镶嵌上宝石等点缀。如果将细绳换成人我们绳编用的粗绳，则会产生意想不到的效果。或许如此设计的项链还会成为高端珠宝系列的一部分。这个作品有点复杂，成功的关键在于确保每个皇冠结都编织得很完美。

绳结
反手结→3页
四股皇冠结→8页
四股交替皇冠结→9页
平结→4页

材料
单股棉绳（长10m，直径3mm），黄色
单股棉绳（长5m，直径3mm），4根，分别为白色、红色、浅绿色、深绿色
金属或塑料首饰扣（内径至少为1cm）
胶枪和胶

准备工作
事先将棉绳剪成以下数量和尺寸：
黄色棉绳4根，每根长2.5m；
白色棉绳2根，每根长2.5m；
红色棉绳2根，每根长2.5m；
浅绿色棉绳2根，每根长2.5m；
深绿色棉绳2根，每根长2.5m。

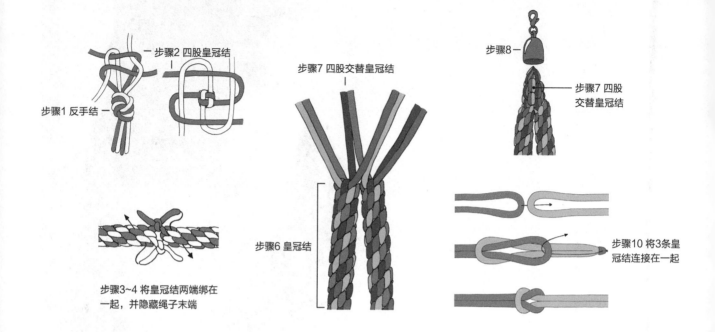

步骤1 反手结
步骤2 四股皇冠结
步骤7 四股交替皇冠结
步骤8
步骤7 四股交替皇冠结
步骤6 皇冠结
步骤3~4 将皇冠结两端绑在一起，并隐藏绳子末端
步骤10 将3条皇冠结连接在一起

步骤1

从项链的中间部分开始编织。取2根黄色的绳子和2根白色的绳子对齐，在距离绳端约10cm处打1个临时的反手结。

步骤2

力度均匀地编织四股皇冠结，确保系紧每个皇冠结。

步骤3

待皇冠结长约63cm时，解开反手结。两端弯曲，从每一端各取一根绳子，尽可能紧地绑在一起。对其余的绳子末端重复此操作。

步骤4

如图所示，用镊子将绳子末端塞入邻近的皇冠结下，并剪断，这样皇冠结两端就被连接在一起了。

步骤5

分别取1根黄色、红色、浅绿色和深绿色的绳子对齐，在距离绳端约15cm处打1个临时的反手结。

步骤6

力度均匀地编织四股皇冠结，确保系紧每个皇冠结。待皇冠结长约47cm时，解开反手结。

步骤7

两端弯曲。如图所示，将绳子分成4组，每组2根，编织4或5个四股交替皇冠结，确保绳结系紧。

步骤8

将绳子末端剪到约1cm长，先用胶将绳端黏合在一起，然后再用胶将绳端与首饰扣连接在一起。

步骤9

取剩余的绳子重复步骤5~8。

步骤10

如图所示，将中间的皇冠结部分和两侧的皇冠结部分连接在一起，本质上是制作不带填充绳的平结。调整项链的中间部分，将两端连接处隐藏在平结后面。

卡雷萨腰带

编织腰带制作简单但完成后十分美丽，可以为衣服增添一抹波西米亚风情。我保证佩戴这条腰带一定会收获很多赞美。

绳结
垂直雀头结→3页
卷结→5页
平结→4页

材料
单股棉绳（直径3mm，长度取决于腰带的尺寸，可参考130页的表格）

准备工作
这款腰带是由130页插图中所示的图案重复而成，每个图案的长度约为8.75cm。因此，可将腰带的长度增加或减少8.75cm的倍数。
每个图案部分使用的绳子长约62cm。其中1根绳子应比其余绳子长1m，因为它将用于编织垂直雀头结，形成腰带两侧的腰带扣。

腰围	腰带长度（不包括边缘的流苏）	图案重复次数	每条绳子的长度	绳子的总长度（直径3mm）
< 70cm	62cm	7	5根4.75m+ 1根5.75m	30m
70~77cm	70cm	8	5根5.2m+ 1根6.2m	33m
78~85cm	79cm	9	5根5.7m+ 1根6.7m	36m
86~92cm	88cm	10	5根6.15m+ 1根7.15m	38m
93~100cm	97cm	11	5根6.65m+ 1根7.65m	41m
101~108cm	105cm	12	5根7.15m+ 1根8.15m	44m

腰带中的一个图案

步骤1 垂直雀头结

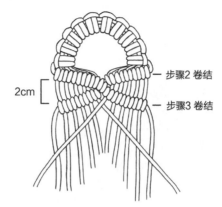

2cm

步骤2 卷结

步骤3 卷结

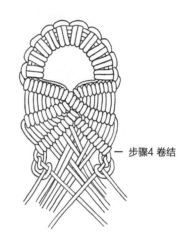

步骤4 卷结

步骤1

根据130页的表格确定腰带的长度并裁剪绳子。将6根绳子对折，取最长的1根在其他5根绳子上编织10个垂直雀头结，并确保完成后绳子两端长度相等。弯曲绳结，形成拱形。

步骤2

将步骤1中编织垂直雀头结的绳子作为填充绳，从两侧向中间斜向下编织卷结，每侧5个。然后再在中间编织1个卷结将两侧的卷结连接起来。

步骤3

开始制作腰带的第1个图案。继续使用上一步的填充绳，从中间向两侧斜向下各编织5个卷结。如图所示，这一排卷结与上一排卷结间距约2cm。

编织中间的菱形部分。用最中间的2根绳子编织1个卷结。然后以这2根绳子作为填充绳，从中间向两侧斜向下各编织5个卷结。同样，这一排卷结与上一排卷结间距约2cm。

步骤4

如图所示，将菱形中间的8根绳子，两两相互交叉。弯曲填充绳，在每一侧各编织5个卷结，然后再在中间编织1个卷结将两侧的卷结连接起来，完成菱形的收尾工作。

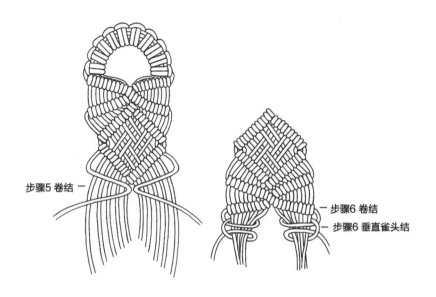

步骤5 卷结

步骤6 卷结
步骤6 垂直雀头结

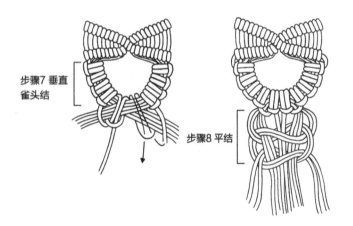

步骤7 垂直雀头结

步骤8 平结

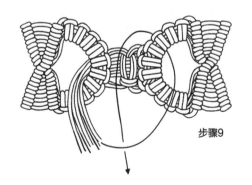

步骤9

步骤5
用两侧的2根绳子作为填充绳,向中间编织卷结,每侧5个。然后弯折填充绳,编织第2个图案。
重复步骤3~5,直到所需的长度。

步骤6
完成重复图案的制作后,用填充绳在每侧再编织5个卷结。然后用填充绳在每侧的5根绳子上,编织4个垂直雀头结。

步骤7
将两侧的5根填充绳彼此交叉。在10根填充绳上,每侧再各编织1个垂直雀头结将两侧连接在一起,并确保系紧绳结。

步骤8
每侧各取2根绳子作为编织绳,在其余8根绳子上编织1个紧密的平结,作为收尾。

步骤9
根据所需的长度修剪绳子末端,腰带制作完成。
使用腰带时,如图所示,将绳子末端从后面穿过另一个腰带扣,从前面穿过相连的腰带扣,并向下穿过绳环,拉紧固定。

贝壳单肩包

　　谁不喜欢装饰性和功能性兼具的编织品呢？编织包就是其中一项，既不是很复杂，也不需要花费很多时间。翻盖设计让这款单肩包显得与众不同，让人联想到贝壳，因此我为它起名贝壳单肩包。编织的包袋结实耐用，可用于携带随身物品，且取用方便。

绳结
反向雀头结→3页
交替平结→4页
卷结→5页
反手结→3页

技巧
隐藏绳子末端→29页

材料
单股棉绳（长约108m，直径5mm）

小贴士
• 为了避免小物品从缝隙中掉落，可以制作一个内衬缝在包里。

准备工作
事先将棉绳剪成以下数量和尺寸：
18根，每根长2.5m；
6根，每根长10m；
6根，每根长0.3m。

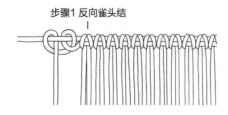

步骤1 反向雀头结

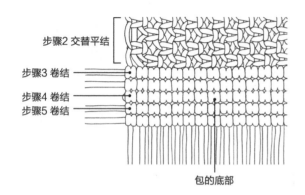

步骤2 交替平结

步骤3 卷结
步骤4 卷结
步骤5 卷结

包的底部

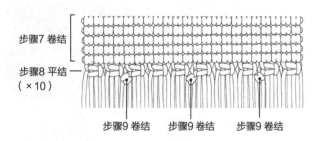

步骤7 卷结

步骤8 平结
（×10）

步骤9 卷结　　步骤9 卷结　　步骤9 卷结

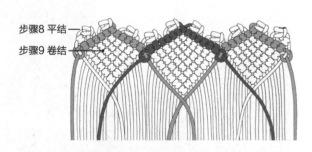

步骤8 平结
步骤9 卷结

*突出显示的部分为步骤9前三个卷结的具体位置。

步骤1

将2根10m长的绳子作为填充绳，将18根2.5m长的绳子用反向雀头结连接上去。然后在两侧将其中1根填充绳围绕另1根填充绳各编织1个反向雀头结。

步骤2

编织18排交替平结，第1排编织10个平结。确保每排平结都紧贴上一排，使图案尽可能密集。

步骤3

包的底部由5排卷结组成。将1根10m长的绳子折叠成左侧长2m、右侧长8m，并用8m长的一端作为卷结的填充绳。因为卷结的宽度比平结大，因此制作时必须跳过一些编织绳。第1个和第2个卷结完成后，跳过1根绳子，编织1个卷结，再跳过1根绳子，编织1个卷结……重复操作，直到绳子末端，最后连续编织3个卷结。第1排完成后总共编织22个卷结。

再取1根10m长的绳子编织第2排卷结，尽量使用上一排中跳过的绳子编织，并确保完成后共22个卷结，使2排长度相等。

步骤4

取1根0.3m长的绳子作为第3排卷结的填充绳。使用上一排中跳过的绳子编织卷结，总共编织22个卷结。完成后，将填充绳末端隐藏在包的背面（见29页）。

步骤5

用剩下的2根10m长的绳子重复步骤3，短绳位于左侧，长绳位于右侧。

步骤6

在5排卷结下面再编织18排交替平结。

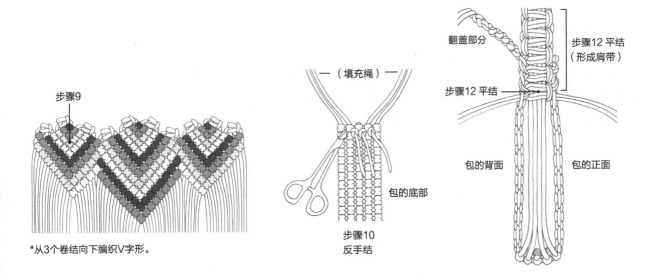

步骤9

*从3个卷结向下编织V字形。

—（填充绳）—

包的底部

步骤10
反手结

翻盖部分

步骤12 平结
（形成肩带）

步骤12 平结

包的背面　　　　　包的正面

步骤7
用5根0.3m长的绳子作为填充绳，编织5排卷结，每排
22个。完成后，将填充绳末端隐藏在背面。

步骤8
编织1排10个平结。当完成后面的卷结时，这排平结可
能会有点歪斜。

步骤9
制作包的翻盖部分。使用从左往右数的第7和8、第20
和21、第33和34三组绳子制作3个卷结。在两边的卷
结两侧各编织6个卷结，在中间的卷结两侧各编织7个
卷结，然后完成如图所示的V字形卷结，形成贝壳纹
样。最后用卷结将3个贝壳纹样连接在一起。完成后两
侧的贝壳纹样各包含7排卷结，中间的包含10排卷结。

步骤10
接下来把包的正面和背面连接在一起。折叠编织好的
部分，使前后平结对齐，将左侧的4根2m长的绳子弯
折到右侧底部，形成包的肩带，并用钳子或钩针将绳

子末端穿过卷结之间的空隙。调整长度，直到绳子达
到肩带需要的长度，然后系上临时的反手结固定末端。

步骤11
将右侧的4根长绳作为编织绳，将左侧弯曲过来的绳子
作为填充绳，编织双重平结。每完成一个平结，就将
编织绳穿过侧面的绳结，用编织绳将正面和背面"缝
合"到一起。

步骤12
继续在4根填充绳上编织双重平结。到达另一侧后，再
次将编织绳穿过侧面的每个绳结。

步骤13
编织好侧面后，将绳子两端穿过底部的卷结，放回包
内。解开另一侧的反手结，将两端绳子系在一起。将
包内侧翻到外面，隐藏绳子末端，并剪掉多余的绳子。
再次将包外侧翻到外面。

步骤14
修剪流苏边缘，隐藏翻盖及背面的绳子末端，制作完成。

伍德斯托克外套

如果你真的热爱某个事物，就应该用行动向全世界宣布。对于我来说，制作可穿戴的编织服饰，是表达对编织艺术热爱的有力方法。这件外套也许不能很好地保暖，但是它却非常独特。精致的流苏设计，让人想到了20世纪70年代的夏天。穿上它，转个圈，你就会明白我想要表达的意思。

绳结
卷结→5页
交替平结→4页
反手结→3页

材料
单股棉绳（长约400m，直径3mm，重约1.1kg），这里使用了4种不同的颜色，顺序随机。

小贴士
• 彩色图案是随机的，因此制作步骤图示中未标注颜色。希望在制作这个作品时，能有更多自由发挥的空间。
• 在编织过程中，要时不时试穿一下外套。这样就可以知道哪些部分不合适，并随时进行调整。
• 确保将绳结系紧，如果绳结不够紧，衣服之后可能会散开。
• 如果需要清洗编织外套，建议干洗。如果想手洗，一定要轻柔地揉搓，然后放入洗衣袋中晾干。

准备工作
事先将棉绳剪成以下数量和尺寸：
74根，每根长3.2m；
68根，每根长2.4m。

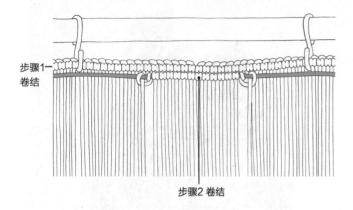

步骤1—
卷结

步骤2 卷结

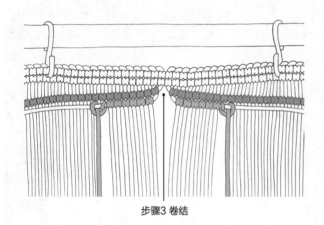

步骤3 卷结

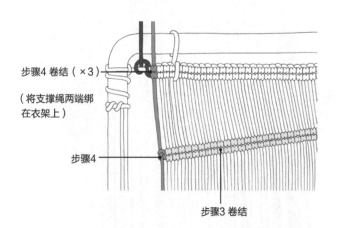

步骤4 卷结（×3）

（将支撑绳两端绑
在衣架上）

步骤4

步骤3 卷结

步骤1

取1根3.2m长的绳子作为支撑绳。将绳子两端绑在衣架上，并用两个S形挂钩托住。支撑绳从步骤16开始才用于打结。

将72根3.2m长的绳子用卷结依次固定在支撑绳中间，并确保每根绳子的两端等长。如果使用的是不同颜色的绳子，可根据自己的喜好排列。

接着将68根2.4m长的绳子用卷结连接到支撑绳的两侧，确保系紧。用卷结固定好的绳子，一端会位于靠近编织者的一侧，另一端则远离编织者。

步骤2

将剩下的1根3.2m长的绳子放在第1排卷结下作为填充绳，仅使用上一个卷结中靠近编织者一侧的1根绳子作为编织绳，编织第2排卷结。完成后，支撑绳和填充绳都位于两侧。

步骤3

将最中间的2根绳子作为填充绳，向两侧编织斜卷结，不要使用之前的支撑绳和填充绳。这排卷结编织到两侧后与上排卷结间距约为8cm。

再取中间的2根绳子，编织第2排斜卷结。中间产生的空隙是外套正面左侧和右侧的分隔。

步骤4

如图所示，将2排斜卷结的填充绳系在一起，取其中1根绳子用卷结连接在步骤1和步骤2中的支撑绳和填充绳上，然后再将步骤2中的填充绳用卷结连接在支撑绳上。

步骤5

将作品翻转到背面，在卷结下方编织3排交替平结。

步骤6

距上排平结约7cm处，在中间编织1个由7排交替排列的平结组成的菱形。

步骤7

将作品翻转到正面，将2排斜卷结水平悬挂在S形挂钩上，而步骤1和步骤2中的2排卷结则向后倾斜。

从两侧的中间开始数起，找到第35根和第36根绳子，将其作为填充绳向中间编织2排斜卷结，这2排卷结编织到中间后与上排卷结间距约为18cm。第36根绳子编织完后，使用上一排的填充绳系上最后的卷结。

步骤8

在步骤7的斜卷结的两侧编织3排交替平结。第1排跳过边上的2根绳子，编织7个平结；第2排编织7个平结；第3排编织6个平结。

步骤9

调整作品，将步骤7中的斜卷结和步骤8中平结上方的卷结水平悬挂在S形挂钩上。一次编织一侧，执行步骤9~12。

编织外套胸前由平结组成的小菱形。从两侧的中间开始数起，用第1~6根绳子编织半个菱形，用第5~12、11~18、17~24根绳子交替编织3个完整的菱形。

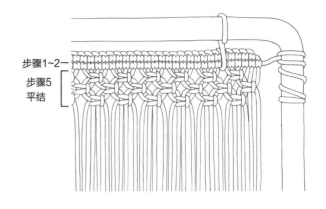

步骤1~2—
步骤5
平结

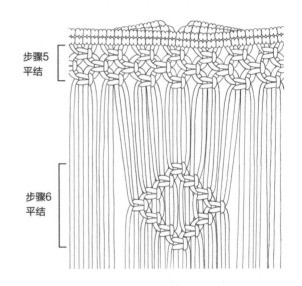

步骤5
平结

步骤6
平结

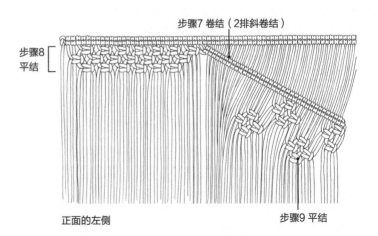

步骤7 卷结（2排斜卷结）

步骤8
平结

正面的左侧

步骤9 平结

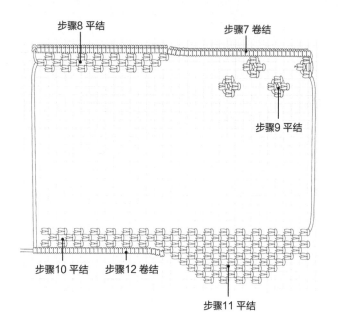

步骤8 平结　　　步骤7 卷结

步骤9 平结

步骤10 平结　　步骤12 卷结

步骤11 平结

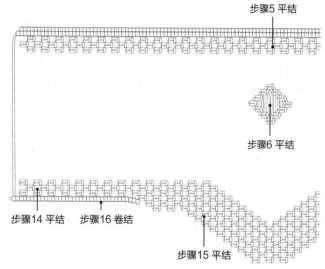

步骤5 平结

步骤6 平结

步骤14 平结　　步骤16 卷结

步骤15 平结

步骤10

距S形挂钩上的卷结约25cm处，从外套中间向两侧编织3排交替平结，边缘会空余1根绳子。

步骤11

如图所示，从外套中间继续向两侧编织交替平结。第4排和第5排各编织9个，第6排跳过6根绳子编织7个，第7排跳过8根绳子编织6个，第8排跳过10根绳子编织5个，第9排跳过12根绳子编织4个。

步骤12

从两侧边缘数起，取第33根绳子作为填充绳，在3排平结正下方编织1排卷结，并将边缘剩余的绳子也用卷结连接到填充绳上。

步骤13

在外套的另一侧重复步骤9~12。

步骤14

将作品翻转到背面，将步骤1和步骤2中的2排卷结水平悬挂在S形挂钩上。距S形挂钩上的卷结约25cm处，在两侧分别编织3排交替平结。第1排14个平结，第2排14个平结，第3排15个平结。

步骤15

如图所示，继续编织13排V字形交替平结，将两侧的平结连接起来。

步骤16

从两侧边缘数起，取第37根绳子作为填充绳，在3排平结正下方编织1排卷结。然后将每一侧的支撑绳解开，用卷结连接到填充绳上。

步骤17

调整作品，将步骤1~3的所有卷结水平悬挂在S形挂钩上。
将正面和背面的填充绳（步骤12和16）系在一起，然后将两侧卷结上的绳子两两紧密地系在一起，完成袖子的收尾工作。由于背面的绳子比正面多4根，要尽可能均匀地分布结点。

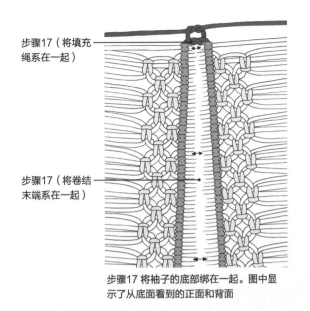

步骤17（将填充
绳系在一起）

步骤17（将卷结
末端系在一起）

步骤17 将袖子的底部绑在一起。图中显
示了从底面看到的正面和背面

步骤18

连接正面和背面的交替平结部分形成腰部。把作品放
置在人体模型上（或朋友身上）可以更轻松地完成操
作，拿开袖子上的流苏边缘可以方便观察。

从正面和背面的第5排平结中各取出2根绳子编织平
结，并将其连接到第6排的交替平结中。然后继续编
织3排交替平结，这样就形成了一个完整的腰部。右
下图中显示了正面和背面并排，袖子处于隐藏状态的
作品。

步骤19

确定袖子上流苏边缘的长度并进行裁剪，我的流苏长
度是45cm。然后在每条绳子末端上方约3cm的位置
打1个反手结。

步骤20

根据身体情况确定外套的长度并进行裁剪，我的外套
从顶部卷结到下方约110cm。然后在每条绳子末端上
方约3cm的位置打1个反手结，完成整个外套的制作。

图中未显示出袖子部分

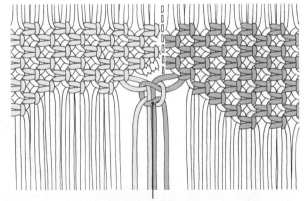

步骤18 平结（将腰部连接在一起）
左侧为背面，右侧为正面

阿芙罗狄蒂连衣裙

　　这是一件由数千个小绳结组成的连衣裙！这件梦幻的编织连衣裙绝对是一个耗时的作品，但并不意味着它非常复杂。事实上，它仅仅是由3种最常见的绳结制成：雀头结、卷结和平结。不要胆怯，想象一下自己穿上这件连衣裙的场景，相信自己，你也可以做到！

绳结
反向雀头结→3页
卷结→5页
平结→4页
交替平结→4页

材料
单股棉绳（长约600m，直径2mm。具体数量取决于衣服的大小和长度，这里使用了不到1kg的绳子）

准备工作
根据表格中列出的绳子数量和尺寸进行裁剪，肩部的编织绳除外。

小贴士
• 在编织过程中，要时不时试穿一下编织裙。这样就可以知道哪些部分不合适，并随时进行调整。
• 确保将绳结系紧，如果绳结不够紧，裙子之后可能会散开。
• 跳过步骤19，将除填充绳外的所有绳子剪短0.8m，可以制作成上衣。
• 如果需要清洗裙子，建议干洗。如果想手洗，一定要轻柔地揉搓，然后放入洗衣袋中晾干。
• 裙子的正面照片见第18页。

裙子正面

身高	支撑绳	中部的编织绳	连接正反面的编织绳	填充绳	肩部的编织绳
165cm	4.5m	46根，每根4m	2根，每根2.3m	1根，0.8m	绳子的数量取决于所需的宽度，这里使用了22根，每根4m
155cm	4.3m	46根，每根3.8m	2根，每根2.2m	1根，0.8m	22根，每根3.8m
175cm	4.7m	46根，每根4.2m	2根，每根2.4m	1根，0.8m	22根，每根4.2m
185cm	4.9m	46根，每根4.4m	2根，每根2.5m	1根，0.8m	22根，每根4.4m

裙子背面

身高	支撑绳	中部的编织绳	连接正反面的编织绳	填充绳	肩部的编织绳
165cm	4.5m	6根，每根4m；20根，每根3.5m；20根，每根3.8m	2根，每根2.3m	1根，0.8m	绳子数量与正面相同，每根4m
155cm	4.3m	6根，每根3.8m；20根，每根3.3m；20根，每根3.6m	2根，每根2.2m	1根，0.8m	每根3.8m
175cm	4.7m	6根，每根4.2m；20根，每根3.7m；20根，每根4m	2根，每根2.4m	1根，0.8m	每根4.2m
185cm	4.9m	6根，每根4.4m；20根，每根3.9m；20根，每根4.2m	2根，每根2.5m	1根，0.8m	每根4.4m

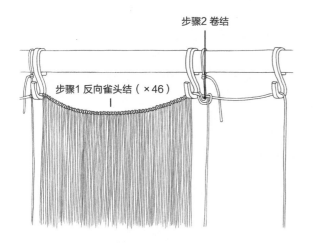

步骤2 卷结

步骤1 反向雀头结（×46）

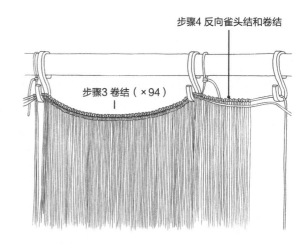

步骤4 反向雀头结和卷结

步骤3 卷结（×94）

裙子正面

步骤1

用反向雀头结将46根中部的编织绳连接到支撑绳的中间。

步骤2

将2根连接正反面的编织绳用卷结分别固定在支撑绳两侧，且一端为30cm，并暂时连接在衣架上。

步骤3

取填充绳，用所有编织绳编织1排共94个紧密的卷结。

步骤4

用反向雀头结将肩部的编织绳连接到支撑绳两侧。肩部绳子的数量取决于衣服的宽度。就我个人而言，我一般穿47cm宽的衣服，这个尺寸比较宽松，更方便穿脱。因此我在每侧连接了11根绳子。连接好后，继续在填充绳上编织卷结。然后用两侧的支撑绳作为编织绳在填充绳上各系1个卷结，并置于其余编织绳的两侧。在接下来的打结过程中为了方便操作可将填充绳卷起。

步骤5

如150页的图示，编织由5排交替平结组成的V字形图案。从中间开始编织，然后向两侧延伸。

步骤6

往下约5.5cm的位置，重复步骤5。

步骤7

开始编织胸前的7个菱形。在最中间V字形下1.5cm处，编织大菱形，左边8个卷结，右边7个卷结。然后在大菱形两侧编织小菱形，左边4个卷结，右边3个卷结。将大菱形和小菱形用卷结系在一起。菱形收尾之前，在菱形中间打1个平结，大菱形编织绳加倍。重复交替编织7个大小菱形。

注意：如果无法准确放置菱形，或者不喜欢菱形图案，可跳过此步骤，只需在胸口位置编织平结即可。

步骤8

如图所示，编织覆盖胸部和腰部的平结，共8排。

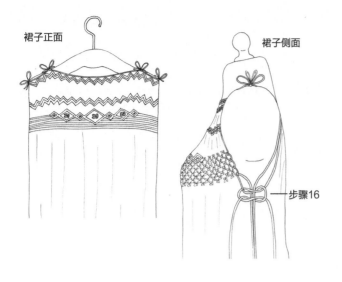

裙子正面　　　　　　　裙子侧面

步骤16

裙子背面

步骤9

取支撑绳，用反向雀头结将6根4m长的绳子连接到支撑绳的中间。然后在每一侧各连接10根3.5m长的绳子，最后每一侧各连接10根3.8m的绳子。

步骤10

将2根连接正反面的编织绳用卷结分别固定在支撑绳两侧，且一端为30cm，并暂时连接在衣架上。

步骤11

取填充绳，用所有编织绳编织1排共94个紧密的卷结。

步骤12

用反向雀头结将肩部的22根编织绳连接到支撑绳两侧，每侧11根。连接好后，继续在填充绳上编织卷结。然后用两侧的支撑绳作为编织绳在填充绳上各系1个卷结。在接下来的打结过程中为了方便操作可将填充绳卷起。

步骤13

重复步骤5。

步骤14

在最中间V字形下开始编织菱形。如151页的图示，连续编织6个由卷结构成的菱形，并在每个菱形收尾之前在菱形里编织平结。

步骤15

将裙子正面和背面的肩部连接在一起。最简单的方法是穿在模特身上，当然也可以使用衣架。将步骤3和步骤11的填充绳，与卷结上方预留的30cm长的编织绳用蝴蝶结绑在一起，每侧2个。

步骤16

从衣服的正面和背面各取2根绳子，在裙子正面的第8排平结（步骤8）下方编织1个平结。另一侧重复此操作。

步骤17

在两个平结之间继续打结，直到完成整排平结。下面每一排都从背面添加2根新绳子，将正面和背面逐渐连在一起。确保打结均匀，从后面观看时，每排平结都要处于同一条直线上。

步骤18

当连衣裙正面平结与连衣裙背面最低菱形的位置相同时，再编织4排平结。此时可以先试穿一下衣服，然后再决定要不要增加平结排。

步骤19

往下约5.5cm，重复步骤5编织第1排V字形图案；再往下5.5cm，编织第2排V字形图案；再往下5.5cm，编织最后一排V字形图案。

步骤20

根据所需的长度和外观，修剪衣服的末端。

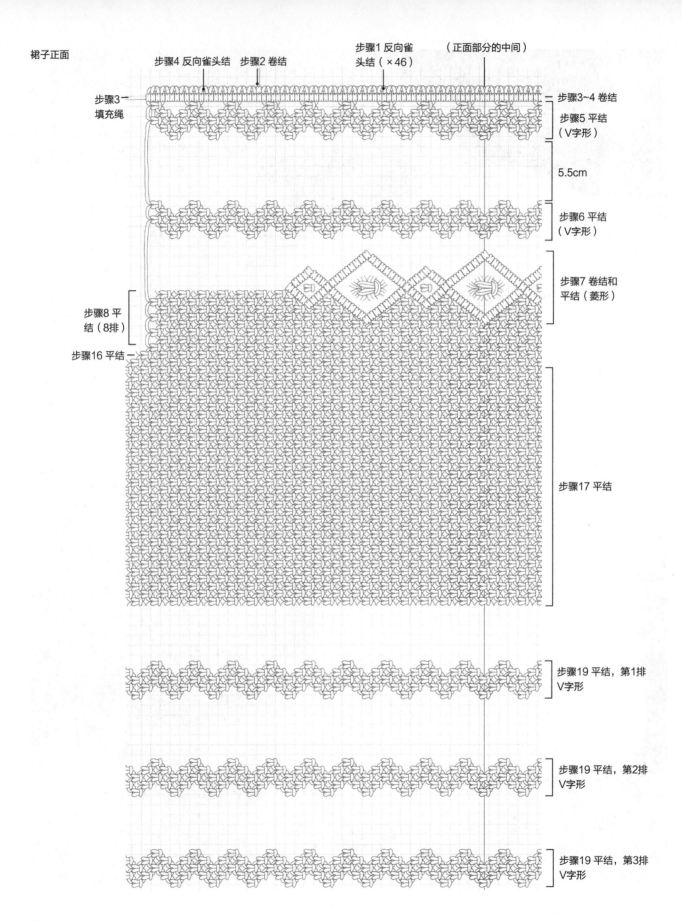

裙子正面

步骤4 反向雀头结　步骤2 卷结　　步骤1 反向雀
头结（×46）　（正面部分的中间）

步骤3 — 填充绳

步骤3~4 卷结

步骤5 平结
（V字形）

5.5cm

步骤6 平结
（V字形）

步骤7 卷结和
平结（菱形）

步骤8 平
结（8排）

步骤16 平结 —

步骤17 平结

步骤19 平结，第1排
V字形

步骤19 平结，第2排
V字形

步骤19 平结，第3排
V字形

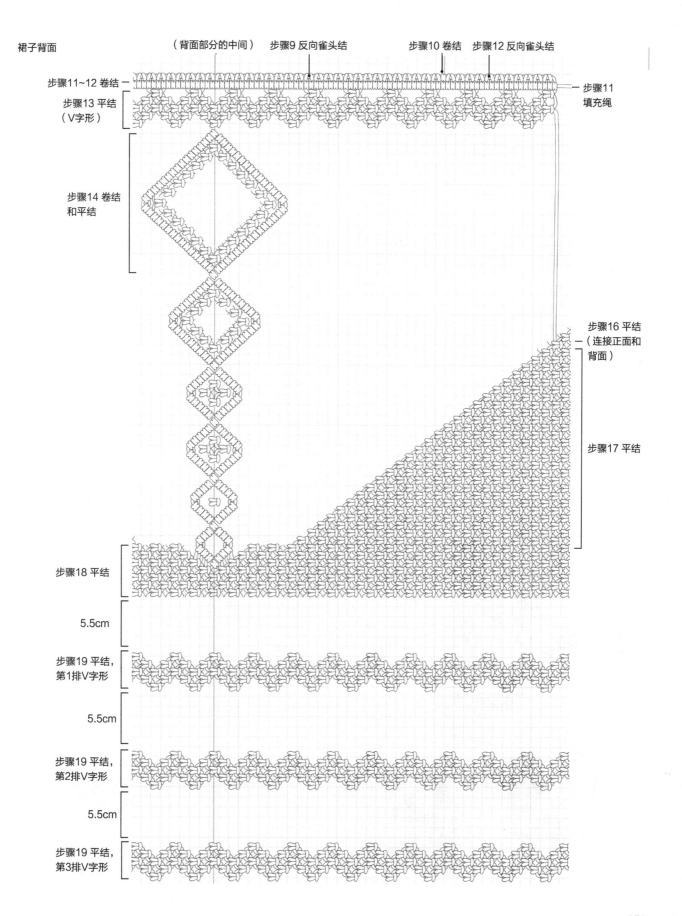

裙子背面

（背面部分的中间）　步骤9 反向雀头结　　步骤10 卷结　步骤12 反向雀头结

步骤11~12 卷结 —

步骤13 平结
（V字形）

步骤14 卷结
和平结

步骤18 平结

5.5cm

步骤19 平结，
第1排V字形

5.5cm

步骤19 平结，
第2排V字形

5.5cm

步骤19 平结，
第3排V字形

步骤11
填充绳

步骤16 平结
（连接正面和
背面）

步骤17 平结

花束包装

　　绳子和花朵是天造地设的一对。绳子包裹着美丽的花束，为花束增添更多美好的小细节，特别适合用于波西米亚风的婚礼。我还为这款花束包装添加了缎带，增添了婚礼的仪式感。当然也可以不用缎带，保持简单清爽的造型就很美丽。

绳结
反向雀头结→3页
平结→4页
交替平结→4页
卷结→5页
编织结→11页

材料
缎带（长1m，宽1cm，作为支撑绳使用）
三股棉绳（长36m，直径4mm）
缎带（长80cm，宽4cm，可选）

准备工作
事先将棉绳剪成以下数量和尺寸：
6根，每根长2.2m；
14根，每根长1.6m。

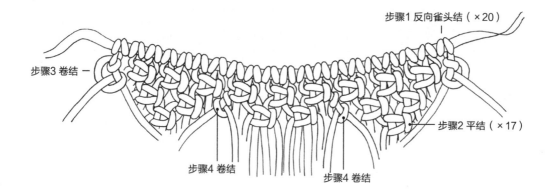

步骤3 卷结 —

步骤1 反向雀头结（×20）

步骤2 平结（×17）

步骤4 卷结

步骤4 卷结

步骤1

将1m长的缎带作为支撑绳，用反向雀头结将6根2.2m
长的绳子连接到缎带的中间，将14根1.6m的长绳子连
接到两侧，每侧7根。使用编织垫板更有助于操作。

步骤2

如图所示，跳过前2根绳子，编织第1排平结，共9个。
第2排编织6个交替平结，第3排编织2个交替平结。

步骤3

将最两侧的两根绳子向中间弯曲作为填充绳，在每一
侧编织9个卷结，将每个卷结固定在平结的下方，形成
略微弯曲的形状。

步骤4

现在开始编织左上方的菱形。从两侧数起，取第15根
绳子向左弯曲，作为填充绳，编织4个卷结。将第1个
卷结的编织绳向右弯曲，作为填充绳，编织3个卷结。

在大菱形收尾之前，在其中编织1个小菱形：左侧2个
卷结，右侧1个卷结，弯曲填充绳，左侧1个卷结，右
侧2个卷结，闭合小菱形。然后再在左侧编织3个卷结，
右侧编织4个卷结，闭合大菱形。

右侧取第26根绳子作为4个卷结的填充绳，重复上述操
作，形成对称。

步骤5

开始编织中间的菱形。取第21根绳子作为填充绳，向
左编织5个卷结。将第1个卷结的编织绳作为填充绳，
向右编织4个卷结。用菱形中间8根绳子编织1个编织结
（见11页）。弯曲填充绳，在左侧编织4个卷结，在右侧
编织5个卷结，闭合菱形。

步骤6

按照从中间向两侧的编织顺序，在两侧各编织3排卷
结，第1排10个，第2排11个，第3排12个。如155页
的图示，尽量以弯曲形状排列卷结，各排之间的间距
依次增加。

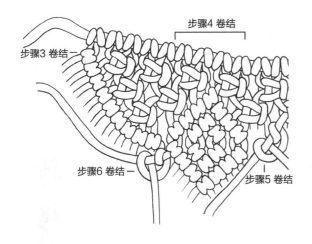

步骤4 卷结

步骤3 卷结

步骤6 卷结

步骤5 卷结

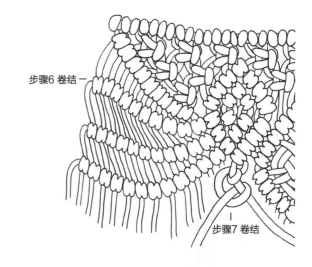

步骤6 卷结

步骤7 卷结

步骤7

取左右两侧的菱形中的填充绳再次作为填充绳，在中间菱形的下方编织卷结，左侧6个，右侧7个。

步骤8

如图所示，在中间菱形的两侧各编织1个由4个平结组成的菱形。

步骤9

从中间数起，把每侧的第4根绳子作为填充绳，如图所示，各编织1个菱形。

步骤10

距上面的卷结约1cm重复步骤4，用中间的8根绳子编织1个菱形。然后继续使用相同的填充绳，编织1个小菱形。

步骤11

将绳子修剪成需要的长度，解开绳子末端，形成流苏。可根据个人喜好，添加缎带作为装饰。

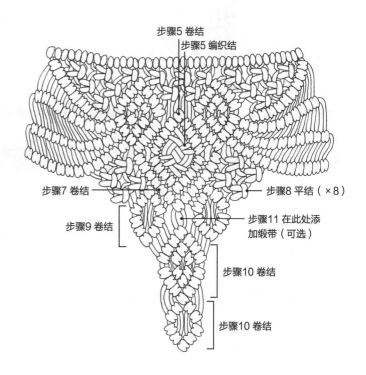

步骤5 卷结

步骤5 编织结

步骤7 卷结

步骤8 平结（×8）

步骤11 在此处添加缎带（可选）

步骤9 卷结

步骤10 卷结

步骤10 卷结

婚礼装饰背景

　　婚礼装饰背景是终极浪漫的绳编作品，是绳编作品中的经典款式。在波西米亚风主题的婚礼中，棉绳编织的装饰背景已非常流行，搭配上美丽的花朵，为特殊的庆典提供了浪漫梦幻的场景。也许你正打算为自己的亲友，甚至是自己，制作一个专属的婚礼装饰背景；或者打算将其出租，创造编织业务的收入。无论哪种情况，都应该确保花费足够的精力，将每个精致的绳结完美地结合在一起。

绳结

反向雀头结→3页

卷结→5页

浆果结→9页

平结→4页

右向半平结→3页

左向半平结→3页

技巧

里亚结→43页

材料

单股棉绳（长约570m，直径5mm）

单股棉绳（长约275m，直径8mm）

缎带（长4m，宽2~3cm）

小贴士

• 这款婚礼装饰背景尺寸为2.2m x 1.8m，可连接到任何类型的杆子或钩子上，可以轻松取下、折叠、运输和重新安装。如果想制作一个配套支架，务必确保支架足够牢固，因为编织本身重约7kg。我的支架尺寸为3m x 2.5m，是用4.5cm粗的木棒制作而成。

• 由于婚礼背景可以重复使用，会多次安装摘除，务必确保绳结牢固，避免在使用过程中松开。

准备工作

婚礼装饰背景分为2个部分：中间部分和侧面部分。可以边做边裁剪绳子，也可以先将一部分绳子裁剪好。

裁剪支撑绳：

5根缎带，每根长0.8m；

1根5mm的单股棉绳，长7m。

中间部分

将5mm粗的单股棉绳剪成以下数量和尺寸：

10根，每根长4.3m；

10根，每根长4m；

10根，每根长3m；

10根，每根长2.5m；

1根，长2.3m；

8根，每根长0.6m（用于制作里亚结）。

将8mm粗的单股棉绳剪成以下数量和尺寸：

2根，每根长4m（作为蕾丝花边的填充绳）；

4根，每根长6m（作为蕾丝花边的编织绳）；

28根，每根长1.75m（用于制作边缘流苏）；

2根，每根长1m（用于制作边缘流苏）。

侧面部分

将5mm粗的单股棉绳剪成以下数量和尺寸：

16根，每根长4m；

52根，每根长6.2m；

28根，每根长1m（用于制作边缘流苏）。

将8mm粗的单股棉绳剪成以下数量和尺寸：

2根，每根长7m（作为垂直蕾丝花边的填充绳）；

4根，每根长12m（作为垂直蕾丝花边的编织绳）；

2根，每根长5m（作为弯曲蕾丝花边的填充绳）；

4根，每根长8m（作为弯曲蕾丝花边的编织绳）；

44根，每根长1.2m（用于制作边缘流苏）；

2根，每根长0.5m（作为两条蕾丝花边的连接绳）。

螺旋

将8mm粗的单股棉绳剪成以下数量和尺寸：

2根，每根长3m；

2根，每根长14m。

步骤1

在7m长的支撑绳的中间系1条缎带，然后在距中间35cm和95cm的两侧各系2条缎带。将缎带绑在木棍上或S形挂钩上，便于后续的编织。

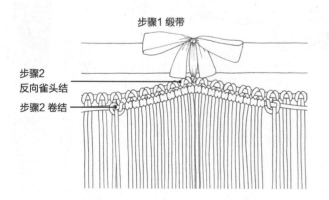

步骤1 缎带

步骤2 反向雀头结

步骤2 卷结

中间部分

步骤2

用反向雀头结在中间缎带的两侧各添加5根4.3m长的绳子（5mm粗）、5根4m长的绳子、5根3m长的绳子和5根2.5m长的绳子。用2.3m长的绳子作为填充绳，在反向雀头结下方编织1排卷结。

步骤3

按照图示制作中间部分的图案。从中间向两侧编织大菱形，最中间为一个完整的菱形，其余部分为半个菱形。在大菱形之间编织小菱形，然后继续编织第2排大菱形。重复上述步骤。最中间包含6个完整的大菱形。

步骤4

在左边第2根缎带的左侧，用反向雀头结连接1根4m长的绳子（8mm粗），作为中间蕾丝花边的填充绳。如图所示，直接用填充绳的两端在反向雀头结下方编织1个卷结。然后将2根6m长的绳子用反向雀头结连接到2条填充绳上（卷结两侧的2根绳子），并编织卷结。连续编织7个由卷结组成的菱形。将第2根4m长的绳子连接在右边第2根缎带的右侧，重复上述步骤，连续编织7个菱形。如图所示，在中间再编织1个菱形，将2条蕾丝花边连接起来。

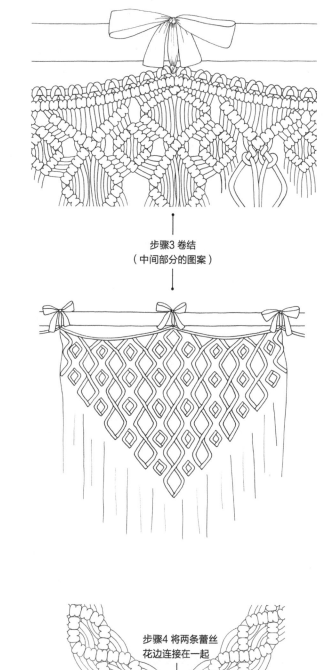

步骤3 卷结
（中间部分的图案）

步骤4 反向雀头结和卷结

步骤4 将两条蕾丝
花边连接在一起

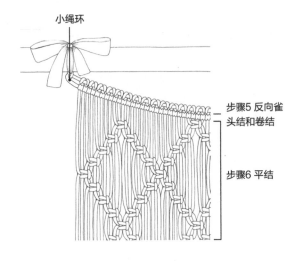

小绳环

步骤5 反向雀
头结和卷结

步骤6 平结

侧面部分

步骤5

用反向雀头结在步骤4的蕾丝花边的两侧各连接8根
4m长的绳子（5mm粗）和26根6.2m长的绳子。然
后将两侧的支撑绳向中间弯曲作为填充绳，编织1排
卷结，同时两侧要预留1个小绳环。

步骤6

按照图示制作侧面部分的图案。每个菱形由9排交替
平结组成，菱形内部高约16cm。由于支撑绳中间部
分会下沉，不能一直保持水平，制作时要确保系紧绳
结，使整排菱形保持水平。

步骤7

在两侧制作2条垂直的蕾丝花边。将2根7m长的绳子
（8mm粗）用反向雀头结分别连接到顶角的小绳环
上。如步骤4一样，在反向雀头结下方编织1个卷结，
然后连接2根12m长的绳子，连续编织9个菱形。

步骤8

接下来制作两条弯曲悬挂在侧面的蕾丝花边。将1根
5m长的绳子（8mm粗）用反向雀头结连接到左边第
2根缎带的右侧，将另1根5m长的绳子连接到右边第
2根缎带的左侧。如步骤4一样，在反向雀头结下方编
织1个卷结，然后连接2根8m长的绳子，以弯曲的形
状连续编织12个菱形，并确保两条蕾丝花边位于中间
的蕾丝花边的后面。最后将1根0.5cm长的绳子穿过
弯曲的蕾丝花边的最后1个菱形和垂直的蕾丝花边的
第9个菱形，并在背面打结，将两条蕾丝花边连接在
一起。

边缘流苏部分

步骤9

在两侧弯曲的蕾丝花边上，用反向雀头结在每个菱形
之间连接2根1.2m长的绳子（8mm粗），并在每个菱
形的正下方编织1个平结。在雀头结之间和边缘比较
空缺的地方，用反向雀头结补充1m长的绳子（5mm
粗）。

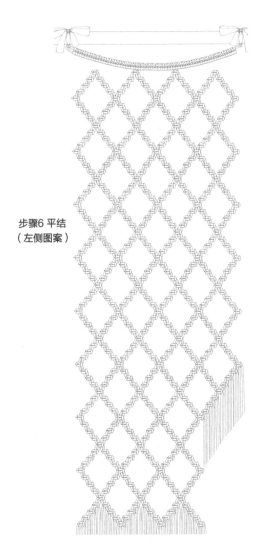

步骤6 平结
（左侧图案）

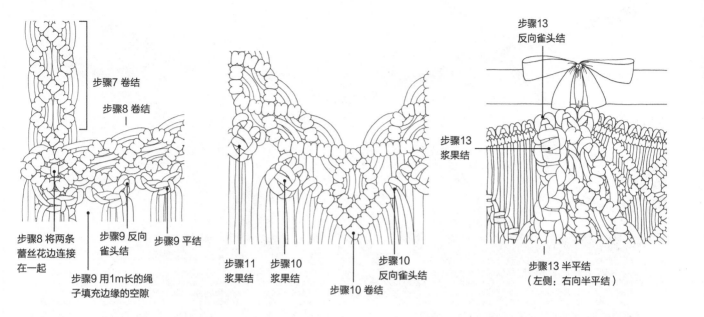

步骤7 卷结

步骤8 卷结

步骤8 将两条
蕾丝花边连接
在一起

步骤9 反向
雀头结

步骤9 平结

步骤9 用1m长的绳
子填充边缘的空隙

步骤11
浆果结

步骤10
浆果结

步骤10
卷结

步骤10
反向雀头结

步骤13
反向雀头结

步骤13
浆果结

步骤13 半平结
（左侧：右向半平结）

步骤10

制作中间部分的流苏边缘。从中间蕾丝花边的中间向
两侧数起，分别取两侧的第6根绳子作为填充绳，如图
所示，跳过2根绳子，在菱形下面编织1排卷结。取2根
1m长的绳子（8mm粗），用反向雀头结将其连接在卷
结两侧。折叠4根1.75m长的绳子，使一段长1m，一
段长0.75m，两两一组连接在反向雀头结旁边，并确
保0.75m 长的一段位于中间（作为填充绳），1m长的
一段位于两侧（作为编织绳），编织浆果结。

步骤11

折叠剩余的24根1.75m长的绳子，使一段长1m，一段
长0.75m 。用与上一步相同的方式，两两一组连接在
菱形之间，并编织浆果结。

步骤12

取8根0.6m长的绳子（5mm粗），在最中间的菱形上
打1个里亚结。

螺旋

步骤13

如图所示，将2根3m长的绳子（8mm粗）用反向雀头
结连接到中间蕾丝花边的两侧，作为螺旋中的填充绳。
将2根14m长的绳子（8mm粗）分别放在填充绳后面，
先编织1个浆果结，然后用右向半平结和左向半平结编
织2条对称的螺旋。

步骤14

按照喜好调整长度，修剪绳子，完善整个婚礼装饰背
景。如果不作为婚礼背景，还可以将其作为窗帘或壁
挂使用，起床后一看到它，会觉得生活像梦境一样
美好。

术语表

《阿什利的绳结书》（*The Ashley Book of Knots*）

第一部描述绳结的百科全书，其中包含3854个绳结，由Clifford W. Ashley于1944年撰写。本书中的某些绳结没有命名，因此通常称为阿什利 绳结#XXXX。

支撑绳

代替棍子或者树枝作为支撑物，编织绳系于其上。

连接绳

连接绳是指将作品不同部分连接在一起的绳子。连接绳介于两个分开的结之间，既可以是编织绳，也可以是填充绳。

填充绳

在绳结中起填充作用的绳子，绳结是围绕着填充绳来制作的。填充绳不用于打结。

编织绳

用于打结的活动绳，与填充绳相对。

转换

在绳编工艺里，转换是指将填充绳和编织绳互换使用。

经纱

纺织术语，指纺织中的垂直纱线。

纬纱

纺织术语，指纺织中在经纱上方和下方穿插的水平纱线。

防脱结

用于绳子末端，防止绳子松散和磨损。

固定结

将绳子固定在其他物体上的一种绳结，比如雀头结。

加倍/三倍

用第1个绳结的末端或新绳子沿着第1个绳结的编织路径进行第2次和第3次编织，以此来加固绳结。

绳环

弯曲绳子或使两根绳子交叉形成的圆环或椭圆形环。

花边环

顺着编织用绳的边缘形成的装饰性小环。

网格

由交替编织的绳结形成的网状结构。

媒染剂 / 固定剂

一种促使染料与织物结合的成分，可以使染料更耐用。

股

股是对于绳子、细线、粗绳及布根绳作为编织用绳的一种计量单位。

排

本书中是指一系列绳结依次排列在同一水平线或斜线上。

束

束是指把一组绳子归拢在一起，既便于在编结过程中分组使用，也便于在绳子尾端做出统一的装饰性收尾。

致谢

开始策划本书时，我天真地认为撰写第二本书肯定要比第一本容易得多。后来我才意识到，如果没有那些有才华、有耐心且乐于助人的朋友们的支持和帮助，我是不可能完成本书的。

首先，我要感谢方正舞曲出版社（Quadrille）。感谢Harriet Butt在知道我有准备出版第二本书的计划时，认真了解我的想法，并提供了许多帮助。感谢你对我的信任和耐心，即使在我几乎否定了自己的情况下，也从未放弃过我。感谢Claire Rochford的设计让这本书既精美又实用，感谢你一直以来的支持和辛勤工作，不断满足我的期望并将我的想法付诸实践，最终才有了这本书。

感谢Kim Lightbody及其团队再一次通过富有魅力的摄影，为绳编作品增添艺术气息。与你们在一起度过的四天拍摄时光真的非常有趣和融洽。

我还要感谢慷慨的Janniche Kristoffersen（@bloggaibagis）和Malin Brostad（@malinbrostad），允许我们进入你们美丽的家进行拍摄和取景。此外还要感谢Årsta Blomsterhandel出色的插花技巧。

我的妈妈、爸爸和姐妹们总是以无条件的爱和支持陪伴着我。特别感谢你们在我全天候编写这本书时为我所做的一切。我们家庭是我认为的最棒的家庭！

还有一个人我要特别感谢，他的付出使这本书成为可能——Simon。没有语言和文字能表达我对你的爱和感激之情。在编写过程中，无论是白天还是黑夜，无论是工作日还是周末，我都需要全神贯注，投入大量时间和精力完成工作。谢谢你在我研究、设计、编织作品时提供的支持和鼓励。在这近一年里，你承包了家里大大小小的家务，但你却从未向我抱怨过一次。当我需要关于插图的建议或是对文字进行审阅，以及解决拍摄期间的事务，你都鼎力支持！我对你的付出充满感恩与敬意，也比以往任何时候都要更加爱你。谢谢你成就了我！

感谢至今为止所有提供灵感和知识的编织者们，希望之后还能彼此学习、共同进步，继续一起为全世界的编织爱好者们带来新的知识。

最后，感谢所有购买我第一本书以及在Instagram（照片墙，一款社交APP）上关注我的人们，感谢你们将我的设计带到了你们的身边，没有你们，我也实现不了梦想。自2017年推出第一本书以来，我收到了来自世界各地的许多消息，看到了无数读者在阅读了我的书后制作的美丽绳编作品的照片。我衷心希望这本书也能满足你们的期待，为你们提供新的想法和灵感！这本书是为你们而创作的。